"十四五"职业教育国家规划教材

工业机器人应用技术

◎主　编　陈　海

◎副主编　曾芬芳　钟光林　周　芳

◎主　审　陈令平

电子工业出版社

Publishing House of Electronics Industry

北京·BEIJING

内 容 简 介

本书以安川工业机器人为例，介绍工业机器人的操作方法，主要内容有安川工业机器人的手动操作、示教模式的操作、再现模式的操作、远程控制模式的操作、PAM 功能的操作、工具坐标系的设置与操作、输入/输出控制、用户坐标系的设置与操作、安川工业机器人常用命令和功能的应用等。

本书采用任务驱动方式，适合技工院校、职业院校机器人应用技术等专业开展一体化教学使用。

图书在版编目（CIP）数据

工业机器人应用技术 / 陈海主编. —北京：电子工业出版社，2018.11

ISBN 978-7-121-34515-9

Ⅰ. ①工… Ⅱ. ①陈… Ⅲ. ①工业机器人—职业教育—教材 Ⅳ. ①TP242.2

中国版本图书馆 CIP 数据核字（2018）第 127376 号

策划编辑：张　凌
责任编辑：张　凌
印　　刷：北京虎彩文化传播有限公司
装　　订：北京虎彩文化传播有限公司
出版发行：电子工业出版社
　　　　　北京市海淀区万寿路 173 信箱　邮编　100036
开　　本：787×1 092　1/16　印张：8　字数：204.8 千字
版　　次：2018 年 11 月第 1 版
印　　次：2024 年 9 月第 15 次印刷
定　　价：25.00 元

凡所购买电子工业出版社图书有缺损问题，请向购买书店调换。若书店售缺，请与本社发行部联系，联系及邮购电话：(010) 88254888，88258888。

质量投诉请发邮件至 zlts@phei.com.cn，盗版侵权举报请发邮件至 dbqq@phei.com.cn。

本书咨询联系方式：(010) 88254583，zling@phei.com.cn

前　言

工业机器人技术是近年来新技术的发展方向，在汽车制造业、电子产业和工程机械等行业已经广泛采用工业机器人自动化生产线代替人工流水线作业，在提高生产效率的同时大大减轻了劳动强度。

安川首钢机器人有限公司是专业从事工业机器人及其自动化生产线设计、制造、安装、调试及销售的中日合资公司。自 1996 年 8 月成立以来，始终致力于中国机器人应用技术产业的发展，其产品遍布汽车、摩托车、家电、IT、轻工、烟草、陶瓷、冶金、工程机械、矿山机械、物流、机车、液晶、环保等行业。

本书以安川工业机器人为例，根据"校企双制，能力为本"的人才培养模式要求，以岗位技能要求为标准，选取典型工作任务编写而成，主要内容有安川工业机器人的手动操作、示教模式的操作、再现模式的操作、远程控制模式的操作、PAM 功能的操作、工具坐标系的设置与操作、输入/输出控制、用户坐标系的设置与操作、安川工业机器人常用命令和功能的应用等。内容上强调实用性，概念清晰、通谷易懂，便于组织课堂教学和实践，特别适合技工院校、职业院校机器人应用技术等专业开展一体化教学使用，也便于工程技术人员自学使用。

本书是广东省机械技师学院"创建全国一流技师学院项目"成果——"一体化"精品系列教材之一。本系列教材以"基于工作过程的一体化"为特色，通过典型工作任务，创设实际工作场景，让学生扮演工作中的不同角色，在教师的引导下完成不同的工作任务，并进行适度的岗位训练，达到培养提高学生综合职业能力的目标，为学生的可持续发展奠定基础。

本书由广东省机械技师学院陈海担任主编，负责对全书进行统稿和编写任务一～任务十、任务十六和任务十七。广东省机械技师学院曾芬芳、钟光林和周芳担任副主编，其中曾芬芳编写任务十一～任务十三，钟光林编写任务十八和附录，周芳编写任务十四和任务十五。本书在编写过程中得到了广东省机械技师学院工业机器人应用技术教研组全体老师的积极帮助，对他们的辛勤劳动表示衷心感谢。

由于水平和时间所限，且技术日新月异，书中难免有不足之处，欢迎读者提出宝贵的意见和建议。

编　者

目　录

任务一

认识安川工业机器人

任务情境

昨天的新闻上说，北京一家餐厅的菜是用机器人炒的，还说很多大型企业都开始启动机器人换人计划。机器人还真厉害，好像有三头六臂似的，不但可以炒菜还可以在工厂中替代人的工作，这是怎么做到的呢？

任务目标

1. 了解安川工业机器人的结构与组成。
2. 能够主动预防操作工业机器人可能发生的紧急事项。
3. 能够对工业机器人紧急事项进行处理。

知识准备

1.1 工业机器人

工业机器人是面向工业领域的多关节机械手或多自由度的机器装置，它能自动执行工作，可以接受人类指挥，按照预先编排的程序运行。

机器人已广泛应用于汽车及汽车零部件制造业、机械加工行业、电子电气行业、橡胶及塑料工业、食品工业、木材与家具制造业等领域中；并开始扩大到国防军事、医疗卫生、生活服务等领域，如无人侦察机、警备机器人、医疗机器人、家政服务机器人等均有应用实例。当前我国机器人产业已初具规模，据工业和信息化部数据，2020 年全国工业机器人产量为 237068 台，同比增长 19.1%，2021 年 1 月—11 月全国工业机器人产量为 330098 台。

随着人工成本的上涨、工作环境的改变、人口老龄化和多元化的市场竞争，各企业面临着严重的压力。工业机器人产业是一个快速成长中的新兴产业，将对未来生产和社会发展起到越来越重要的作用。我国机器人使用密度处于极低水平，机器人使用密度的提升将带动机器人需求量的提升，机器人技术存在巨大的发展空间。

1.2 安川工业机器人

1. 安川首钢机器人有限公司简介

安川首钢机器人有限公司，其前身为首钢莫托曼机器人有限公司。由中国首钢总公司和日本株式会社安川电机共同投资，是专业从事工业机器人及其自动化生产线设计、制造、安装、调试及销售的中日合资公司。其产品包括多功能通用型机器人 MOTOMAN-MH，HP，UP 系列；弧焊用途机器人 MOTOMAN-MA，VA 系列；点焊用途机器人 MOTOMAN-VS，MS，ES 系列等，如图 1-1 所示。

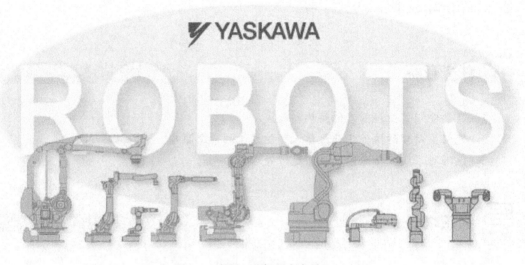

图 1-1　安川工业机器人产品

2. 安川工业机器人的组成

安川工业机器人由机器人本体、机器人控制柜（DX100）及其备件、示教编程器、供电电缆和随机资料（全套说明书）等构成，如图 1-2 所示。在实际应用中，还需要根据现场实际情况配备电源适配器和气路等装置，安川工业机器人实物如图 1-3 所示。

3. 机器人与控制柜的订货号

机器人在出厂时都有各自的订货号，机器人和控制柜上要有相同的订货号，如图 1-4 所示。

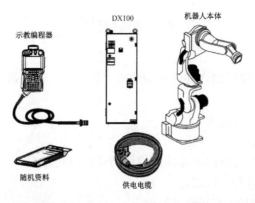

图 1-2　安川工业机器人的组成

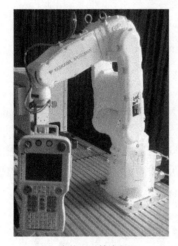 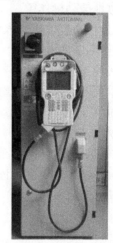

（a）本体和示教编程器　　　　　　　　　　（b）控制柜

图 1-3　安川工业机器人实物图

机器人与控制柜要有相同的订货号

ORDER NO.　S78796-1

图 1-4　机器人与控制柜的订货号

1.3 操作安全

（1）操作前必须先经过培训并认真阅读使用说明书。在机器人动作范围内示教时，必须遵守以下事项。

① 保持从正面观看机器人。

② 遵守操作步骤。

③ 考虑机器人突然向自已所处的方位运动时的应变方案。

④ 确保设置躲避场所，以防万一。

⑤ 不要倚靠在 DX100 或其他控制柜上。

⑥ 不要随意地按动操作键。

（2）由于误操作造成的机器人动作，可能引发人身伤害事故。进行以下作业时，请确认在机器人的动作范围内没有人，并且操作者处于安全位置。

① 控制柜接通电源时。

② 用示教编程器操作机器人时。

③ 试运行时。

④ 自动再现时。

本书所使用的机器人为 MH5 通用搬运型安川工业机器人，其工作范围如图 1-5 所示，单位 mm，其中 4×M8×P1.25 表示该处加工有四个外径为 8、牙距为 1.25 的螺纹，用于安装附件或连接线路时使用。

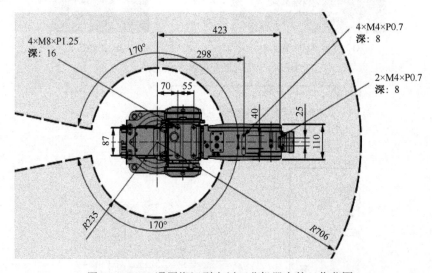

图 1-5　MH5 通用搬运型安川工业机器人的工作范围

（3）不慎进入机器人动作范围内或与机器人发生接触，都有可能引发人身伤害事故。在发生异常时，请立即按下急停键。急停键位于 DX100 前门及示教编程器的右侧，如图 1-6 所示。

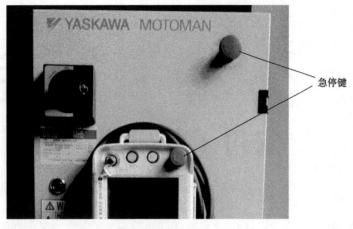

图 1-6 安川工业机器人的急停键

1.4 使用前注意事项

（1）进行机器人示教作业前要检查以下事项，有异常则应及时修理或采取其他必要措施。

① 机器人动作有无异常。

② 外部电线遮盖物及外包装有无破损。

（2）示教编程器用完后必须放回控制柜的专用挂钩上。如不慎将示教编程器放在机器人、机器人夹具或地上，当机器人运动时，示教编程器可能与机器人或夹具发生碰撞，从而引发人身伤害或设备损坏事故。

任务实施

参观安川工业机器人及查询资料后填写表 1-1。

表 1-1 认识安川工业机器人

请列出安川工业机器人的组成部件及其作用	
请列出操作工业机器人可能发生的紧急事项	
如何对工业机器人紧急事项进行处理	

任务二

安川工业机器人的手动操作

任务情境

　　工厂里新安装好一台安川六轴工业机器人，你准备调试，手动让机器人按要求在安全工作范围内动作。

任务目标

1. 了解安川工业机器人的五种坐标系。
2. 能够准确判断出不同坐标系下的轴操作动作。
3. 能够手动操作机器人按要求在安全工作范围内动作。

知识准备

2.1 控制组

　　机器人本体自身的轴称为机器人轴，使机器人整体平行移动的轴叫作基座轴，除此之外，还有工装轴，配合夹具和工具的使用。基座轴、工装轴也叫作外部轴。安川工业机器人将以上各轴称为控制组，如图2-1所示。

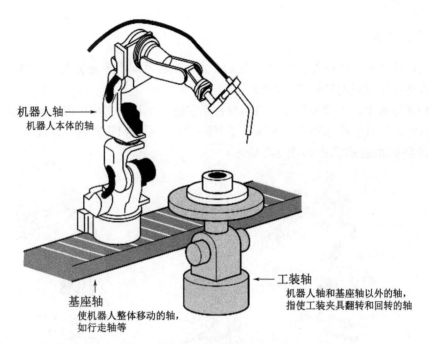

机器人轴 →
机器人本体的轴

工装轴
机器人轴和基座轴以外的轴，
指使工装夹具翻转和回转的轴

基座轴
使机器人整体移动的轴，
如行走轴等

图 2-1　控制组

2.2　坐标系

进行轴操作时，MH5 通用搬运型安川工业机器人配套的控制柜 DX100 共有五种坐标系，各个坐标系的动作形式和方向是不相同的，操作时应注意。

1. 关节坐标系

关节坐标系是设定在工业机器人关节中的坐标系。在关节坐标系中，机器人本体各轴单独运动。

2. 直角坐标系

在直角坐标系中，机器人本体前端沿设定的 X 轴、Y 轴、Z 轴平行运动。

3. 圆柱坐标系

在圆柱坐标系中，机器人以本体 Z 轴为中心旋转运动，或与 Z 轴成直角平行运动。

4. 工具坐标系

工具坐标系将机器人腕部工具的有效方向作为 Z 轴，将 XYZ 直角坐标系原点定义在工具的尖端点上。在工具坐标系中，机器人本体尖端点根据坐标平行运动。

5．用户坐标系

根据用户需求，在任意位置定义的 *XYZ* 直角坐标系即用户坐标系。在用户坐标系中，机器人本体尖端点根据坐标平行运动。

五种坐标系中，关节坐标系、直角坐标系和圆柱坐标系在出厂时已完成设置，只需选择即可操作。工具坐标系和用户坐标系还需根据实际工具和要求进行设置。

五种坐标系的示意图如图 2-2 所示。

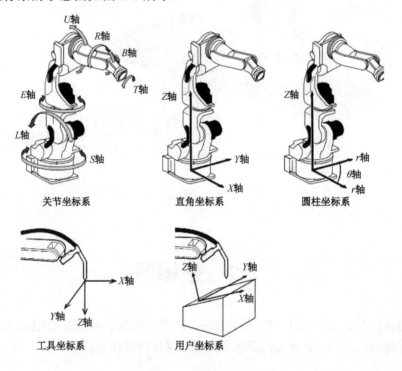

关节坐标系　　　　　　直角坐标系　　　　　　圆柱坐标系

工具坐标系　　　　　　用户坐标系

图 2-2　五种坐标系

任务实施

2.3　手动操作

1．安全确认

操作前，再次确认排除操作对象机器人系统及周边设备对周围环境带来的潜在危险，确保安全。

2．示教模式选择

将示教编程器左上角的模式切换开关旋至示教模式（TEACH），如图 2-3 所示。

3. 坐标系的选择

按示教编程器上的【坐标】键，选择要操作的对象坐标系。每按一次【坐标】键，坐标系就按以下顺序依次切换：关节坐标系 ⬛→直角坐标系 ⬛（圆柱坐标系 ⬛）→工具坐标系 ⬛→用户坐标系 ⬛。

图2-3 示教模式选择

直角坐标系和圆柱坐标系只能选其一。选择了直角坐标系，按【坐标】键不会出现圆柱坐标系；选择了圆柱坐标系，按【坐标】键不会出现直角坐标系。

可以通过参数 S2C196 选择直角或圆柱坐标系，指定用示教编程器进行轴操作时，是直角坐标系有效还是圆柱坐标系有效。

参数 S2C196 为 0：圆柱坐标系有效，按圆柱坐标系动作。

参数 S2C196 为 1：直角坐标系有效，按直角坐标系动作。也可在主菜单的【设置】→【示教条件】中设定直角或圆柱坐标系，操作如图2-4所示。

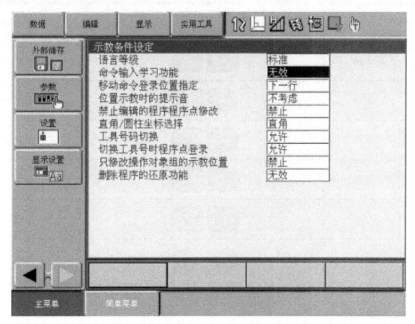

图2-4 设定直角或圆柱坐标系

4. 速度选择

按手动速度的【高】键或【低】键，选择轴操作时的手动速度。该速度在【前进】或【后退】的键操作时也有效。

按手动速度【高】键，每按一次，手动速度按照“微动”→“低”→“中”→“高”的顺序变换。按手动速度【低】键，每按一次，则按相反顺序变换。

【高速】键为点动操作，按轴操作键时，同时按下【高速】键，机器人高速运动。手动速度为“微动”时，高速键无效。用示教编程器让机器人工作时，示教模式时控制点的最高速度限制在250mm/s以内。

5. 接通伺服电源

按【伺服准备】键，伺服接通LED灯闪烁。握住安全开关，伺服接通LED灯亮，接触器吸合，伺服电源接通。安全开关有两挡，轻握伺服电源接通；重握或放开伺服电源停止。

6. 轴操作

再次确认机器人周边的安全。在此状态下，按轴操作键，轴动作按照选择的控制组、坐标系、手动速度、轴操作键进行运动。

（1）在关节坐标系下，机器人各个轴可单独动作，其中 *E* 轴只在七轴机器人中有效，如表2-1所示。

表2-1　关节坐标系轴操作

轴名称		轴操作键	动　作
基本轴	*S* 轴	X- S- / X+ S+	本体左右旋转
	L 轴	Y- L- / Y+ L+	下臂前后运动
	U 轴	Z- U- / Z+ U+	上臂上下运动
腕部轴	*R* 轴	X- R- / X+ R+	手腕旋转
	B 轴	Y- B- / Y+ B+	手腕上下运动
	T 轴	Z- T- / Z+ T+	手腕旋转
E 轴		E- / E+	下臂旋转

在所有坐标系的轴操作中，当同时按2个以上的多个轴操作键时，机器人呈合成式运动。但是，像【S-】和【S+】这样同轴反方向的2个键同时按下时，所有轴不动。

关节坐标系下的轴操作动作如图2-5所示。

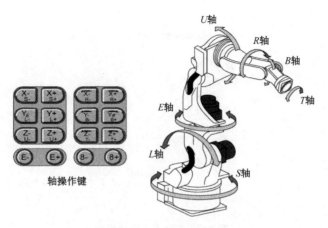

图 2-5　关节坐标系下的轴操作动作示意图

（2）在直角坐标系下，机器人本体前端沿设定的 X 轴、Y 轴、Z 轴平行运动，如表 2-2 所示。

表 2-2　直角坐标系的基本轴操作

轴　名　称		轴　操　作　键	动　作
基本轴	X 轴	X- S-　X+ S+	沿 X 轴平行移动
	Y 轴	Y- L-　Y+ L+	沿 Y 轴平行移动
	Z 轴	Z- U-　Z+ U+	沿 Z 轴平行移动

基本轴（X、Y、Z 轴）的轴操作动作如图 2-6 所示。

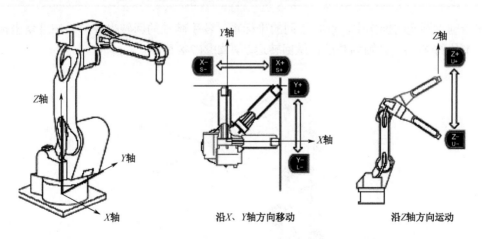

沿X、Y轴方向移动　　　　沿Z轴方向运动

图 2-6　直角坐标系基本轴的轴操作动作示意图

在直角坐标系中，腕部轴（R、B、T 轴）的轴操作可实现控制点保持不变的操作。控制点保持不变的操作是指不改变工具尖端点（控制点）的位置，只改变工具姿势的轴操作，如图 2-7 所示。

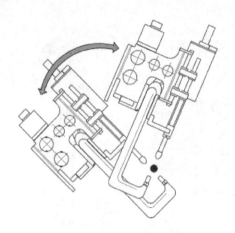

图 2-7 控制点不变的操作

　　除关节坐标系以外的坐标系均可进行控制点保持不变的操作，进行控制点保持不变的操作时各腕部轴动作如表 2-3 所示。

表 2-3　直角坐标系的腕部轴操作

轴　名　称	轴　操　作　键	动　　作
腕部轴	(X- R-) (X+ R+)	使控制点位置保持不变，只有工具姿势改变。 在围绕指定坐标系的坐标轴运动中，工具姿势变化
	(Y- B-) (Y+ B+)	使控制点位置保持不变，只有工具姿势改变。 在围绕指定坐标系的坐标轴运动中，工具姿势变化
	(Z- T-) (Z+ T+)	
E 轴	(E-) (E+)	*只在七轴机器人中有效。 工具位置、姿势固定不变，手臂姿势变化（Re 角度变化）

　　在控制点不变的操作中，选择不同的坐标系，各手腕轴的回转也各异。在直角坐标系中，以本体的 X、Y、Z 轴为基准，做回转运动，如图 2-8 所示。

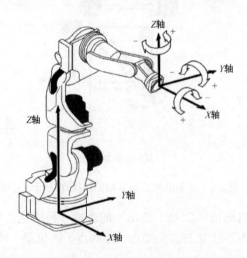

图 2-8　直角坐标系控制点不变的操作动作示意图

（3）在圆柱坐标系下，机器人以本体 Z 轴为中心旋转运动，或与 Z 轴成直角平行运动，如表 2-4 所示。

表 2-4　圆柱坐标系的基本轴操作

轴 名 称		轴 操 作 键	动 作
基本轴	θ 轴	X- S-　X+ S+	本体旋转运动
	r 轴	Y- L-　Y+ L+	垂直于 Z 轴移动
	Z 轴	Z- U-　Z+ U+	沿 Z 轴平行移动

基本轴（θ、r、Z 轴）的轴操作动作如图 2-9 所示。

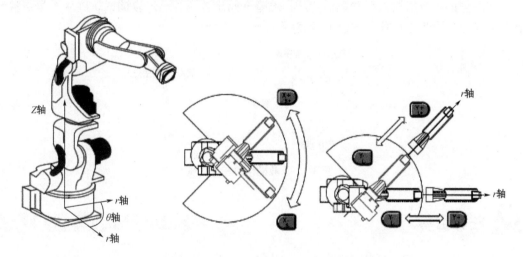

图 2-9　圆柱坐标系基本轴的轴操作动作示意图

在圆柱坐标系中，腕部轴（R、B、T 轴）的轴操作也可实现控制点保持不变的操作。其动作与直角坐标系一致，以本体的 X、Y、Z 轴为基准，做回转运动，如图 2-8 所示。

关节插补的示教操作

任务情境

工厂里的工业机器人手动调试完成，准备开始示教调试。示教调试轨迹从 1 号点移动到 5 号点（1 号点与 5 号点重合），示意图如图 3-1 所示。

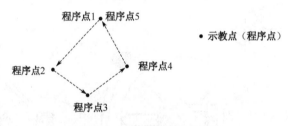

图 3-1　示教操作的任务情境

任务目标

1. 了解安川工业机器人的工作模式。
2. 能够进行工业机器人的示教操作，并准确运用关节插补命令进行示教程序的编写。
3. 能够对示教完成的程序进行调试，确保示教程序正确。

知识准备

3.1　示教前的准备

出于安全上的考虑，应进行急停按钮的使用确认，在机器人使用前，请分别对控制柜、示教编程器上的急停按钮进行确认，按下时，查看伺服电源是否断开。

（1）分别按下控制柜及示教编程器上的急停按钮。

（2）确认伺服电源是否关闭。当伺服电源准备接通时，示教编程器上的伺服显示灯闪亮。按下急停按钮后，伺服电源被切断，伺服显示灯灭。

（3）确认正常后，按示教编程器上的【伺服准备】键，使伺服电源处于准备接通状态，伺服显示灯闪亮。

（4）示教编程的操作必须在安全模式为编辑模式时才能进行。安川工业机器人的安全模式有三个，分别是操作模式、编辑模式、管理模式，三种模式的操作对象和可进行的操作如表 3-1 所示。

表 3-1　安全模式

安 全 模 式	操 作 对 象	可进行的操作
操作模式	监视生产线运行中机器人动作的操作人员	机器人的启动、停止和监控等。生产线异常发生后的恢复作业
编辑模式	从事示教编程操作的人员	可执行操作模式的各种作业。使机器人做轴动作，进行程序编辑及各种条件文件的编辑工作
管理模式	从事系统安装和系统维护作业的操作人员	可执行编辑模式下各种作业。还可对参数、时间、密码变更进行管理

需要切换模式时，选择主菜单中的【系统信息】→【安全模式】，即可选择不同的安全模式。选择操作模式不需要密码，选择编辑和管理模式需要输入正确的密码，密码要求用 4 个以上、8 个以下的数字和符号设定。编辑模式的出厂预设密码为 00000000，管理模式的出厂预设密码为 99999999。

任务实施

3.2　示教模式的操作

1. 选择"示教模式"

将模式切换开关 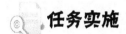 设定为示教模式。安川工业机器人控制柜 DX100 共有三种工作模式。

（1）示教模式。进行示教、编辑程序，或者对已登录的程序进行修改时，需要在示教模式下进行。另外，进行各种特性文件和各种参数的设定也要在该模式下进行。

（2）再现模式。再现示教程序时使用的模式，由示教编程器上的【START】按钮启动。

（3）远程控制模式。在远程控制模式下，接通伺服电源、开始运行、调用程序、启动循环等相关操作通过外部输入信号（按钮、可编程序控制器（PLC）等）指定。远程控制模式时，通过外部输入信号的操作有效，而示教编程器上的【START】按钮无效。数据传输功能（选项）在远程控制摸式下有效。

示教模式优先级最高，同时设定示教模式和其他模式时，示教模式有效。当设定示教模式时，即使错误按下【START】按钮或外部输入开始信号，也不会变为再现状态，机器人不会动作。

2. 新建程序

机器人的程序名称最多可输入 32 个半角字符（16 个全角字符），可使用的文字包括数字、英文字母、符号等。程序名称可混合使用这些文字符号。若输入的程序名称已被使用时，则变成输入错误。

（1）选择主菜单中的【程序内容】，显示程序内容子菜单，如图 3-2 所示。

图 3-2　程序内容子菜单

（2）选择【新建程序】，显示新建程序画面，如图 3-3 所示。

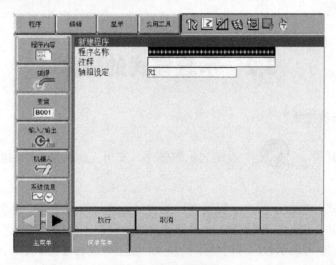

图 3-3　新建程序画面

（3）输入程序名称。将光标移动到"程序名称"右侧的文本框中，按【选择】键，输入程序名称后按【回车】键确认，输入的程序名称被登录，显示程序内容画面，NOP 与 END 命令自动登录，如图 3-4 所示。

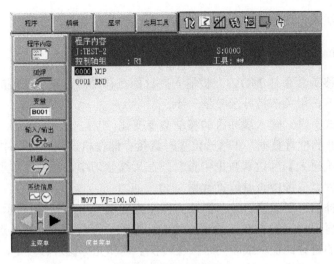

图 3-4　程序内容画面

3.3　关节插补的操作

在程序内容画面进行示教。示教程序画面如图 3-5 所示。

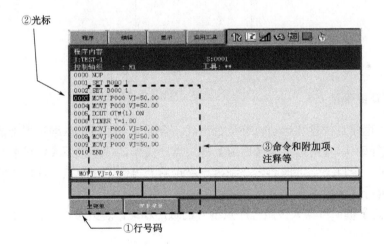

图 3-5　示教程序画面

1. 机器人移动命令的三个重要参数

机器人移动命令的三个重要参数是位置数据、插补方法、再现速度。

（1）目标位置的坐标值就是位置数据。

（2）再现运行机器人时，决定程序点与程序点间以何种轨迹移动的方法叫作插补方法。

（3）程序点与程序点间的移动速度就是再现速度。

通常位置数据、插补方法、再现速度三个数据同时被登录到机器人轴的程序点中。若省略设定插补方法或再现速度，会自动登录与上一次完全相同的参数。

2. 关节插补

关节插补的移动命令是 MOVJ。机器人向目标点移动时，不受轨迹的约束。出于安全考虑，通常情况下，用关节插补示教第一步。

按【插补方式】键，输入缓冲区的移动命令变化。

（1）关节插补的位置数据，在修改位置时直接存储在机器人存储器中，无法直接查看，可以在主菜单【机器人】的位置数据中查看。在后续学习中，通过位置型变量进行示教编程，可直接在位置型变量中查看位置数据。

（2）关节插补的再现速度。关节插补的再现速度用 VJ 以百分比表示，如 VJ＝50 表示再现速度为最高再现速度的 50%。设定时将光标移动至再现速度，按【选择】键后直接输入所需再现速度的百分比值。或者同时按【转换】键和光标键进行设定，【转换】键＋【↑】键或【转换】键＋【↓】键可以控制再现速度以内置等级升降，如图 3-6 所示。

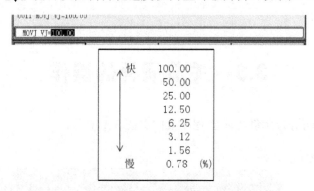

图 3-6　关节插补再现速度的设定

3. 位置轨迹确认

示教后的程序点位置和运动轨迹是否正确、合适，可通过示教编程器上的【前进】与【后退】键进行确认。【前进】与【后退】键为点动操作，持续按下【前进】与【后退】键时，机器人可一个点一个点地动作。到达一个点后，再到下一个点的操作为松开【前进】或【后退】键再持续按下。

（1）【前进】键：机器人按照程序点编号的顺序移动。若只按【前进】键，只执行移动命令。

（2）【联锁】键＋【前进】键：持续执行所有命令。动作一个循环后结束，到达结束命令后，即使继续按【前进】键，机器人也不会动作。但是如果是正在调用的程序，机器人向原程序中调用命令的下一个命令移动。

（3）【后退】键：机器人按照程序点编号的相反顺序移动，只执行移动命令。到达第一个程序点后，即使继续按【后退】键，机器人也不会动作。但是如果为调用中的程序，机器人向调用程序中调用命令前的移动命令返回。

3.4 初始程序点与最后程序点的重合操作

当连续运行如图 3-7 所示的程序动作时，机器人运行完第一次后，每次重新开始运行，需要从最后的程序点 6 向初始程序点 1 移动。如果让程序点 6 和初始程序点 1 在相同的位置，机器人可从初始程序点 1 直接开始运行，提高了工作效率。最初程序点与最后程序点的重合操作步骤如下。

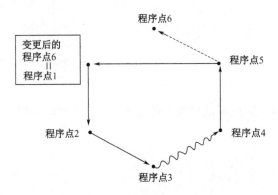

图 3-7　最初程序点与最后程序点的重合

（1）把程序光标移动到初始程序点 1 的程序行。

（2）接通伺服电源，按【前进】键，机器人向初始程序点 1 的位置移动。

（3）将程序光标移动到最后程序点 6 的程序行，光标开始闪烁。在程序内容界面，程序光标所在的程序点位置与机器人位置不一样，所以光标闪烁。

（4）按【修改】键，【修改】键按键灯闪烁。

（5）按【回车】键，最后程序点 6 登录的位置数据修改为初始程序点 1 的位置数据。

请注意，进行初始程序点与最后程序点的重合操作时，最后程序点修改的只是位置数据，插补方法与再现速度并没有修改。当需要修改程序点的位置数据时，操作步骤相同。

3.5 删除程序点的操作方法

在示教操作时，发现示教了过多的程序点，需要删除其中某些程序点时，要使机器人处于需要删除的程序点的位置上才能删除该程序点，具体的操作步骤如下。

（1）把程序光标移动到需要删除程序点的程序行。

（2）接通伺服电源，按【前进】键，机器人向需要删除程序点的位置移动。

（3）机器人到达需要删除的程序点的位置后，按【删除】键，【删除】键按键灯闪烁。

（4）按【回车】键确认删除。

任务四

直线插补的示教操作

任务情境

工厂里的工业机器人完成调试后要开始工作了,工作内容是焊接,工作示意图如图 4-1 所示。

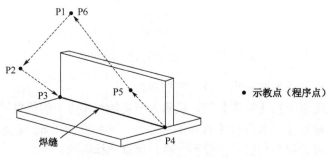

图 4-1　示教操作的任务情境

焊缝从程序点 P3 到程序点 P4。为避免碰撞造成损坏,要进行模拟操作,请在白纸上示教机器人画出焊接轨迹(程序点 P3～P4)。如图 4-2 所示。

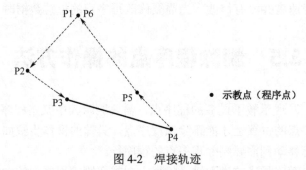

图 4-2　焊接轨迹

任务目标

1. 了解安川工业机器人的位置等级。
2. 能够进行工业机器人的示教操作,并准确运用关节插补命令和直线插补命令进行示教程序的编写。

3. 能够对示教完成的程序进行调试，确保示教程序正确。

知识准备

4.1 直线插补

直线插补的移动命令是 MOVL，用于使机器人在示教的程序点之间以直线轨迹进行移动，直线插补常在焊接作业中使用。进行直线插补运动时，机器人六轴联动以保证运动轨迹为直线，且手腕位置自动一边变化一边移动，如图 4-3 所示。

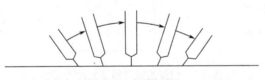

图 4-3　直线插补

任务实施

4.2 直线插补的操作

直线插补的示教操作与关节插补的示教操作相同，直线插补的再现速度设定与关节插补的再现速度设定方法一样，可直接输入或通过同时按【转换】键和光标键进行设定，【转换】键 +【↑】键或【转换】键 +【↓】键可以控制再现速度以内置等级升降，两者再现速度设定的区别在于单位不一样。

设定直线插补的再现速度时，以 mm/s 或以 cm/min 为单位进行设定，如图 4-4 所示。两种单位可根据用途在设置中进行切换，机器人出厂时，设定为以 mm/s 为单位。

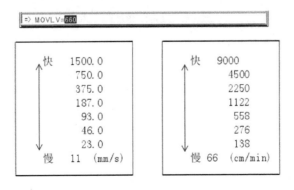

图 4-4　直线插补再现速度的设定

4.3 位置等级

位置等级是指机器人通过示教位置时，实际位置与示教位置的接近程度，当省略位置等级或位置等级为 0 时，表示到达示教位置。可在移动命令 MOVJ（关节插补）和 MOVL（直线插补）中添加。

未设定位置等级时的精度可随动作速度的变化而变化。机器人可在与周围环境或工件吻合的轨迹上运行。位置等级的轨迹与精度之间的关系如图 4-5 所示。

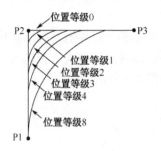

位置等级	精　　度
0	示教位置
1 ↓ 8	精 ↓ 粗

图 4-5　位置等级与精度之间的关系

登录移动命令时，可同时设定位置等级。位置等级默认为不显示，选择下拉菜单中的【编辑】→【位置等级标记有效】即可显示位置等级。

位置等级应用实例如图 4-6 所示，其中程序点 P1、P3、P6 为实到点，位置等级 PL＝0，程序点 P2、P4 和 P5 为中间过渡点，可使用精度较粗的位置等级。

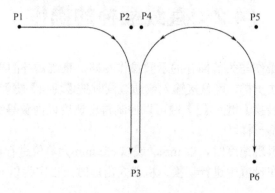

图 4-6　位置等级应用实例

任务五

圆弧与自由曲线插补的示教操作

任务情境

为了更好的提高工作效率和减轻工人的劳动强度，工厂里新安装了一台工业机器人为生产好的设备涂装机油，设备的外形如图 5-1 所示，机器人需要沿设备轮廓（程序点 P1 ～ P5）均匀涂装机油。

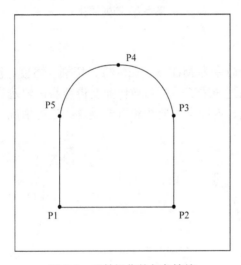

图 5-1　示教操作的任务情境

任务目标

1. 了解安川工业机器人示教器的画面显示内容。
2. 能够进行工业机器人的示教操作，并准确运用圆弧、自由曲线插补命令进行示教程序的编写。
3. 能够对示教完成的程序进行调试，确保示教程序正确。

5.1 圆弧插补与自由曲线插补

1. 圆弧插补

圆弧插补的移动命令是 MOVC。机器人通过圆弧插补示教的 3 个点画圆移动，在示教时分单一圆弧和连续圆弧两种情况，如图 5-2 所示。

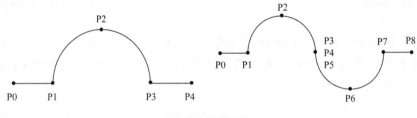

图 5-2　圆弧插补

2. 自由曲线插补

自由曲线插补的移动命令为 MOVS。在焊接、切割、熔接、涂底漆等作业时，若使用自由曲线插补，可使不规则曲线工件的示教作业变得容易，轨迹为通过 3 个点的抛物线。在示教时分单一自由曲线、连续自由曲线和重合抛物线三种情况，如图 5-3 所示。

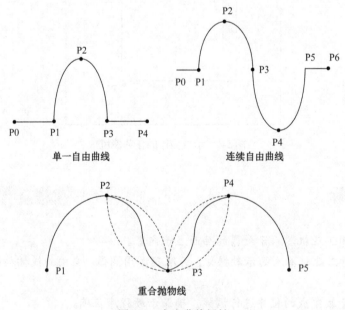

单一自由曲线　　　　连续自由曲线

重合抛物线

图 5-3　自由曲线插补

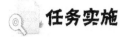任务实施

5.2 圆弧插补的操作

1. 单一圆弧

当圆弧只有一个时，用圆弧插补示教 P1～P3 这 3 个点。当用关节插补或直线插补示教进入圆弧前的 P0 时，则 P0～P1 的轨迹自动成为直线，如图 5-4 所示。

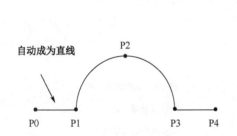

点	插补方法	命令
P0	关节 或直线插补	MOVJ MOVL
P1～P3	圆弧插补	MOVC
P4	关节 或直线插补	MOVJ MOVL

图 5-4 单一圆弧插补示教

2. 连续圆弧

当曲率发生改变的圆弧连续有 2 个以上时，圆弧最终将逐个分离。因此，在前一个圆弧与后一个圆弧的连接点加入关节或直线插补的点，或添加 FPT（圆弧终点）选项，如图 5-5 所示。

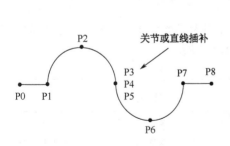

点	插补方法	命令
P0	关节 或直线插补	MOVJ MOVL
P1～P3	圆弧插补	MOVC
P4	关节 或直线插补	MOVJ MOVL
P5～P7	圆弧插补	MOVC
P8	关节 或直线插补	MOVJ MOVL

图 5-5 连续圆弧插补示教

圆弧插补的再现速度与直线插补的相同。但要注意 P1～P2 段以 P2 速度运动、P2～P3段以 P3 速度运动。另外，若用高速示教圆弧动作，实际运动的圆弧轨迹要比示教的圆弧小。

5.3 圆弧插补动作轨迹的确认

圆弧插补动作轨迹的确认与关节插补和直线插补相同,可通过示教编程器上的【前进】与【后退】键进行确认,但是在操作中有区别。

(1)向圆弧插补初始程序点的移动为直线动作。

(2)圆弧插补的程序点如果不是连续的 3 个点,则不能进行圆弧动作。

(3)中途停止前进/后退,用光标移动或搜索后,再次继续前进/后退的操作,机器人到达下一个程序点的动作为直线动作。

如图 5-6 所示,中途停止前进/后退、进行轴操作后,重新进行前进/后退操作,机器人到达下一个圆弧插补程序点 P2 的移动是直线动作,P2~P3 段为圆弧移动。

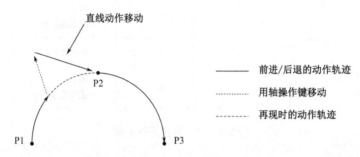

图 5-6 中途停止重新开始的圆弧轨迹

5.4 自由曲线插补的操作

1. 单一自由曲线

用自由曲线插补示教 P1~P3 这 3 个点。用关节插补或直线插补示教进入自由曲线前的 P0 点,那么,P0~P1 的轨迹自动成为直线,如图 5-7 所示。

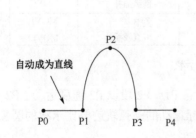

点	插补方法	命令
P0	关节 或直线插补	MOVJ MOVL
P1~P3	自由曲线插补	MOVS
P4	关节 或直线插补	MOVJ MOVL

图 5-7 自由曲线插补示教

2. 连续自由曲线

用重合抛物线合成建立轨迹。与圆弧插补不同，2 个自由曲线的连接处不能是同一点，并且 FPT 选项无效。如图 5-8 所示。

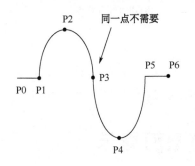

点	插补方法	命令
P0	关节 或直线插补	MOVJ MOVL
P1～P5	自由曲线插补	MOVS
P6	关节 或直线插补	MOVJ MOVL

图 5-8　连续自由曲线插补示教

自由曲线插补的再现速度设定与直线插补相同。运行速度与圆弧插补一样，P1～P2 段以 P2 速度、P2～P3 段以 P3 速度运行。

3. 重合抛物线

建立合成轨迹，机器人的运动轨迹为实线所示轨迹，如图 5-9 所示。

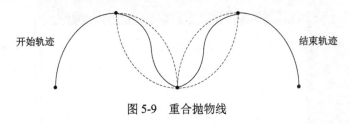

图 5-9　重合抛物线

5.5　自由曲线插补动作轨迹的确认

自由曲线插补动作轨迹的确认与关节和直线插补相同，可通过示教盒上的【前进】与【后退】键进行确认，但是在操作中有区别。

（1）向自由曲线插补的初始程序点移动是直线动作。

（2）自由曲线插补的程序点不是 3 个连续的点时，不能进行自由曲线动作。

（3）根据进行前进/后退操作的位置，可能发生"时间点间的距离不均等"的报警。复位后才能继续操作。

（4）若中途停止前进/后退的操作，用光标移动或进行搜索操作后，再次重复前进/后退的操作，机器人会直线运动，直到到达下一个程序点。

如图 5-10 所示，中途停止前进/后退、实施轴操作后，若再次重复前进/后退的操作，机器人会直线运动，直到到达下一个自由曲线插补的程序点 P2。从 P2 开始以后的轨迹，机器人重新回到自由曲线运动，但是 P2～P3 段的轨迹与再现时的轨迹多少会有些差异。

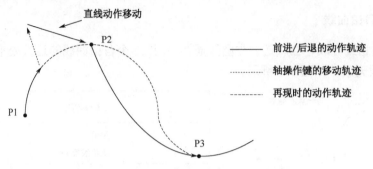

图 5-10　中途停止重新开始的自由曲线轨迹

5.6　示教编程器的画面显示

　　示教编程器的显示屏是 6.5 英寸的彩色显示屏，有 5 个显示区，用【区域】键移动或触摸屏幕可直接进行区域选择和操作。5 个显示区分别为通用显示区、状态显示区、下拉菜单显示区、主菜单显示区和人机接口显示区，如图 5-11 所示。

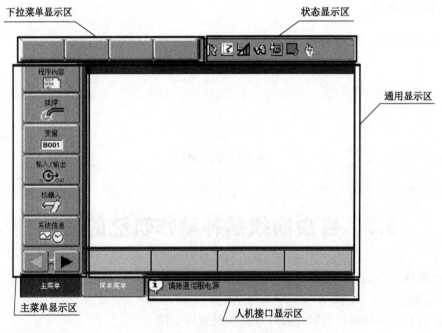

图 5-11　示教编程器的画面显示

　　操作中，显示的画面都附带名称显示。名称显示在通用显示区的左上角，如图 5-12 所示。

1．通用显示区

　　通用显示区可进行程序、特性文件、各种设定的显示和编辑，屏幕下方的操作按钮栏根据画面的不同，显示相应功能的操作按钮，如图 5-13 所示。

　　常见的操作按钮功能见表 5-1。

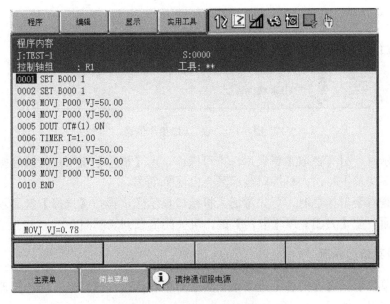

图 5-12　操作中的名称显示

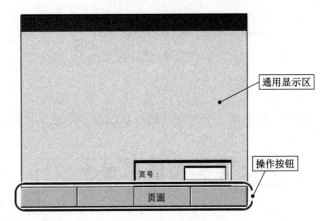

图 5-13　通用显示区

表 5-1　操作按钮的功能

操作按钮	功　　能
执行	继续执行通用显示区显示的操作内容
取消	放弃通用显示区显示的操作内容，回到前一个画面
结束	结束通用显示区设定的操作
中断	中断使用外部存储器进行的安装、保存、校验操作
解除	解除超程和碰撞传感功能
清除	报警发生后清除报警（重大故障报警不能清除）
页面	在可切换页面的画面中，直接输入页面页码，按【回车】键，可跳转到指定画面

2. 主菜单显示区

主菜单显示区可显示各主菜单及其子菜单。按【主菜单】，则显示主菜单。

3. 人机接口显示区

人机接口显示区可显示错误或信息，如图 5-14 所示。

图 5-14　人机接口操作信息

错误显示时，只有在取消错误后，方可操作。用【清除】键可进行清除操作。当同一个错误信息多次发生时，人机接口显示区会出现 符号。

当需要查看全部信息时，可先激活人机接口显示区，再按【选择】键显示当前发生的信息列表画面。按【关闭】或【取消】键，可关闭信息列表画面。

4. 下拉菜单显示区

下拉菜单显示区包含的各下拉菜单及其子菜单在执行程序编辑、程序管理及选择各种实用工具时使用，如图 5-15 所示。

图 5-15　下拉菜单显示区

5. 状态显示区

状态显示区显示与控制柜状态相关的数据，通过状态显示区可以掌握机器人的工作状态，其画面如图 5-16 所示。

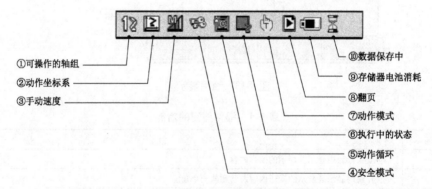

图 5-16　状态显示区

（1）可操作的轴组。当系统带工装轴或有多台机器人时，显示可进行轴操作的控制轴组，如图 5-17 所示。

图 5-17　可操作的轴组

（2）动作坐标系，显示轴操作时的坐标系。可按【坐标】键切换坐标系，如图 5-18 所示。

（3）手动速度，显示轴操作时的速度，如图 5-19 所示。

| —关节坐标系 |
| —直角坐标系 |
| —圆柱坐标系 |
| —工具坐标系 |
| —用户坐标系 |

图 5-18　动作坐标系

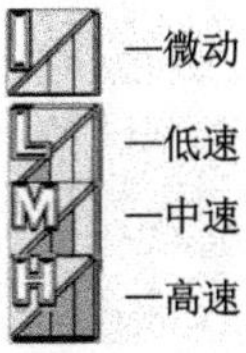

—微动
—低速
—中速
—高速

图 5-19　手动速度状态

（4）安全模式，操作权限的状态，如图 5-20 所示。

（5）动作循环，显示当前的动作循环。动作循环分单步、单循环和连续，如图 5-21 所示。

（6）执行中的状态，在停止、暂停、急停、报警和运动状态中，显示当前状态，如图 5-22 所示。

（7）动作模式，如图 5-23 所示。

—操作模式
—编辑模式
—管理模式

图 5-20　安全模式

—单步
—单循环
—连续

图 5-21　动作循环

—停止
—暂停
—急停
—报警
—运动

图 5-22　执行中的状态

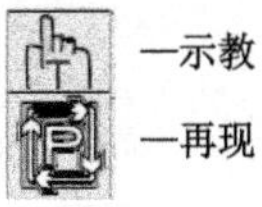

—示教
—再现

图 5-23　动作模式

（8）翻页　，通过【翻页】键切换画面时显示。

（9）存储器电池消耗　，存储器电池消耗时显示。

（10）数据保存中　，数据保存时显示。

任务六

示教程序的管理与编辑

任务情境

在上一个任务中，经过工业机器人涂装机油的设备在质检时发现涂装的机油量不够，要求涂装一次机油后等待 5s 再自动涂装一次。

任务目标

1. 了解安川工业机器人示教器的画面显示内容。

2. 能够进行工业机器人程序的管理与编辑，并准确运用程序的管理与编辑功能正确规范地完成任务。

3. 能够正确运用定时命令实现时间控制。

知识准备

6.1 程序的管理与编辑

1. 程序的管理

程序的管理是指对机器人已示教的整个程序进行操作，在机器人不运动的情况下可进行程序的管理。其中程序的复制、删除、名称的更改只能在示教模式下进行。除此之外的其他操作，任何模式均可进行。另外当禁止编辑被设定时，程序的编辑受到限制。

2. 程序的编辑

程序的编辑是指对已示教好的程序进行局部编缉，通常程序的编辑有四种方式。

（1）复制：将指定范围的程序段复制在缓冲内。

（2）剪切：从程序中剪切指定范围的程序段，复制到缓冲内。

（3）粘贴：将缓冲内容插入程序内。

（4）反转粘贴：将缓冲内容逆顺序插入程序内。反转粘贴可实现轨迹反向，即对与缓冲内容中的前行和返回速度相吻合的轨迹进行转换，插入程序中，如图6-1所示。

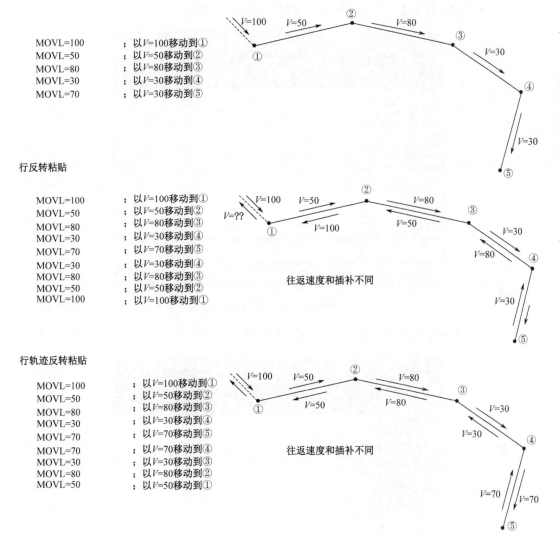

图6-1 程序的反转粘贴

注：V的单位为mm/s（或cm/min）。

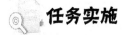 **任务实施**

6.2 程序管理的操作

1．程序的复制

复制已登录的程序，生成新的程序。该操作可在程序内容画面或程序一览画面中进行。

（1）在程序内容画面中复制程序。

在程序内容画面，当前编辑的程序成为复制的源程序。操作步骤为选择主菜单中的【程序内容】→【程序内容】，显示程序内容画面，如图 6-2 所示。

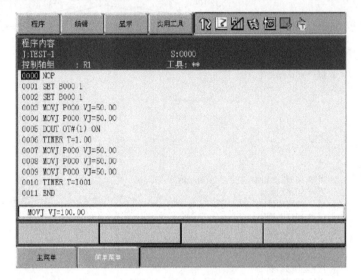

图 6-2　程序内容画面

选择下拉菜单中的【程序】→【复制程序】，如图 6-3 所示。

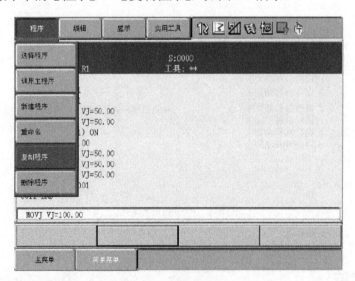

图 6-3　程序复制

输入程序名称，输入区显示被复制的源程序名称。可对源程序名称进行部分修改，以新的程序名称输入，如图 6-4 所示。

按【回车】键，显示确认对话框，选择【是】，复制程序，显示新程序；若选择【不】，不执行程序复制，取消并结束。

（2）在程序一览画面中复制程序。

在程序一览画面，从登录的程序中，选择需要复制的源程序。选择主菜单中的【程序内容】→【选择程序】，显示程序一览画面，如图 6-5 所示。

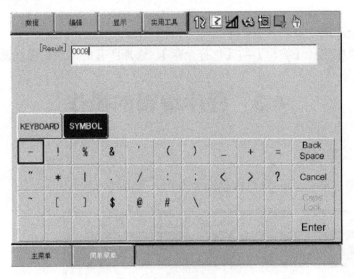

图 6-4　输入程序名称

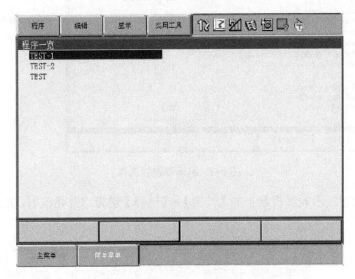

图 6-5　程序一览画面

将光标移至需要复制源程序的程序名称上。选择下拉菜单的【程序】→【复制程序】，输入复制后的新程序的名称，按【回车】键，显示确认对话框，选择【是】，复制程序，显示新程序；若选择【不】，不执行程序复制，取消并结束。

2. 程序的删除

将登录后的程序从 DX100 内存中清除，可在程序内容画面或程序一览画面中进行。

（1）在程序内容画面删除程序。

在程序内容画面删除显示的程序：选择下拉菜单中的【程序】→【删除程序】；选择【是】并确认，则程序被删除。

（2）在程序一览画面删除程序。

用光标选中要删除的程序，选择下拉菜单中的【程序】→【删除程序】，确认，则选中的程序被删除。

（3）选择全部删除操作。

在下拉菜单中选择【编辑】→【选择全部】，选择所有的程序后进行删除即可。

6.3 程序编辑的操作

1. 编辑范围的选择

（1）在程序内容画面，将光标移至命令区，如图6-6所示。

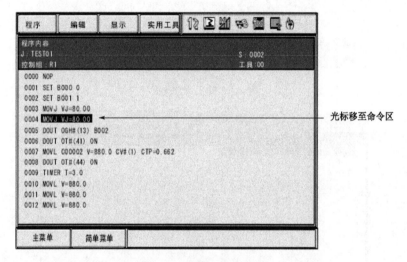

图 6-6　编辑范围的选择

（2）在开始行按示教编程器上的【转换】+【选择】键指定开始范围，地址区着重显示，如图6-7所示。

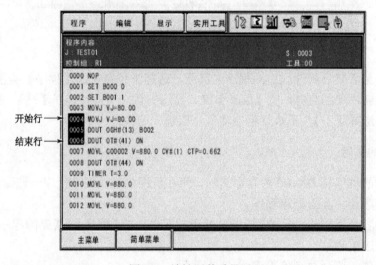

图 6-7　地址区着重显示

（3）将光标向结束行移动，光标覆盖到的行即为指定范围，然后在【编辑】下拉菜单中可选择相应的复制、剪切等编辑命令进行操作。

6.4 定时命令

（1）命令格式：TIMER T＝5。

（2）命令功能：在指定时间内停止。

（3）命令路径：【命令一览】→【控制】→【TIMER】。

（4）命令实例：TIMER T＝5（0.01～655.35s），机器人执行到该行程序时会停止5s，再继续执行下一行程序。

再现模式的操作

任务情境

在上一个任务中，经过工业机器人涂装两次机油的设备在质检时发现涂装的机油量还是不够，要求在涂装两次机油的基础上等待 2s 后再自动涂一次。

解决问题

1. 了解安川工业机器人的试运行操作。
2. 能够进行工业机器人的再现操作。
3. 能够正确运用程序调用命令实现流程控制。

任务目标

7.1 试运行功能

试运行功能是指不改变示教模式，模拟再现动作的功能。该功能可在进行连续轨迹的确认和各种命令的动作确认时使用，非常方便。

执行试运行时的动作轨迹再现的是再现时的动作轨迹，所以实施试运行时，应在确认机器人附近没有干涉物的基础上小心运行机器人。

试运行时的动作与再现模式的再现动作有以下几点差异。

（1）最快的动作速度不能超过示教模式的最高速度。凡动作速度超过示教最高速度的，实际速度限制在示教模式最高速度内（250mm/s）。

（2）不能执行引弧等作业命令。

任务实施

7.2 试运行与再现模式的操作

1. 试运行的操作

试运行用示教编程器上的【联锁】+【试运行】键进行操作。出于安全考虑，机器人只有在按键按住期间动作。

（1）选择主菜单中的【程序内容】→【程序内容】，显示准备进行试运行操作的程序内容画面。

（2）按【联锁】+【试运行】键，机器人开始执行相应周期的动作。机器人只有在【试运行】键按住期间动作。动作开始后，松开【联锁】键，机器人保持继续动作。松开【试运行】键，机器人立即停止运动。在运行机器人前，请务必确认在机器人运动范围内没有障碍物，确保安全。

2. 再现模式的操作

（1）程序选择。

所谓再现就是执行示教后的程序。作为再现前的准备，首先需要存在并调用再现程序。

① 选择主菜单中的【程序内容】→【选择程序】，显示程序一览画面，如图 7-1 所示。

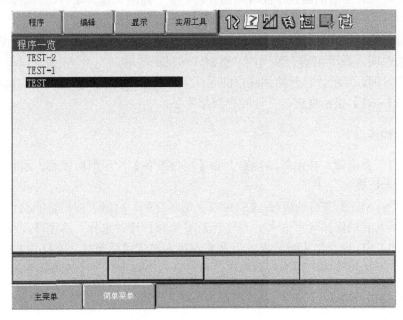

图 7-1　程序一览画面

② 调用需要再现的程序，进入程序内容画面。

（2）再现画面。

在程序内容画面显示状态下，若将模式设定为再现（PLAY）⊙时，就会出现再现画面，如图 7-2 所示。

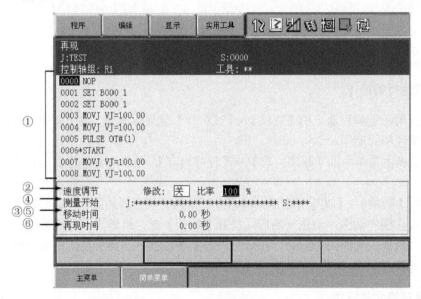

图 7-2　再现画面

① 程序内容。显示再现程序的内容，按【START】按钮开始再现后，程序内容自动滚动。

② 速度调节，设定速度调节时显示。通过速度调节可对整个程序的再现速度进行控制。

③ 循环时间，显示机器人作业时间的计时结果。新的计量开始时，上次计时的循环时间将被清除。在下拉菜单【显示】中可进行显示/不显示的设定。

④ 测量开始，指计时的开始点。【START】指示灯亮，开始再现的同时，也开始计时。

⑤ 移动时间，显示在⑥的范围内，机器人移动的时间。

⑥ 再现时间，显示计时开始到结束的时间。当机器人由于某种原因停止运动，示教编程器上的【START】指示灯灭时，计时也就结束了。

3. 再现操作

（1）接通伺服电源，按示教编程器上的【伺服准备】键，伺服接通，示教编程器上的【伺服通】指示灯亮。

（2）按【START】键启动运行，【START】指示灯亮，机器人按设定的动作循环方式开始工作。机器人的动作循环有 3 种：连续，反复执行程序时选择；单循环，只执行一次，执行到程序的 END 命令结束时选择，但是当程序为被调用程序时，执行到 END 命令后，返回原程序，继续执行调用命令后的程序；单步，一个命令、一个命令地执行时选择。

4. 动作循环的变更

动作循环的变更可手动进行，也可在主菜单的【设置】中进行自动设定。

（1）手动变更步骤。选择主菜单中的【程序内容】→【循环】，选择所需要的动作循环，如图 7-3 所示。

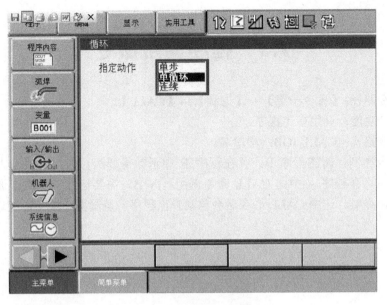

图 7-3　手动变更动作循环

（2）动作循环的设定。可用模式切换开关设定变更运行模式时的动作循环，即选择不同的模式时便同时选定了动作循环。

动作循环的设定要求在管理模式下操作，选择主菜单上的【设置】，选择【操作条件设定】，显示操作条件设定画面，移动光标选择需要设置的模式进行动作循环设置，如图 7-4 所示。

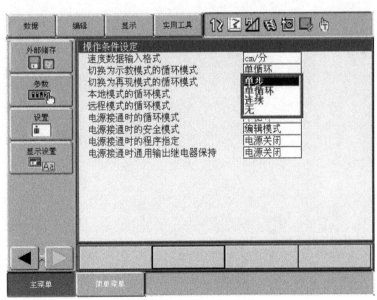

图 7-4　操作条件设定画面

当动作循环设定为【无】时，不指定动作循环，切换模式动作循环不会变更，而是执行切换前的模式所设定的动作循环。当【切换为再现模式的循环模式】设为【无】时，切换到再现模式，动作循环仍按照切换前的形式进行。

7.3 程序调用命令

（1）命令路径：【命令一览】→【控制】→【CALL】。

（2）命令功能：调用指定程序。

（3）命令格式：CALL JOB：程序名。

（4）命令实例：新建程序 B，并在程序 B 中示教需要运行多次的机器人工作程序。再新建程序 A，在程序 A 中用 CALL 命令调用程序 B，需要运行多少次就调用多少次。在输入调用命令时，选中 CALL 命令后会自动弹出程序一览画面，按光标键选择需要调用的程序即可。

任务八 ||||

PAM 功能的操作

 任务情境

经过工业机器人涂装三次机油的设备经质检符合要求,但是随着产品的升级换代,要求涂装机油的设备底部尺寸需要增加 5mm,如图 8-1 所示。除了重新示教编程,有没有更简便的解决方法呢?

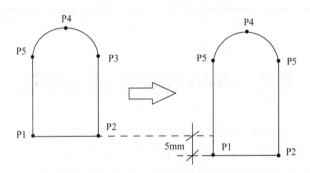

图 8-1　PAM 功能的任务情境

 任务目标

1. 了解安川工业机器人的 PAM 功能。
2. 能够进行工业机器人的 PAM 功能操作。
3. 能够正确运用 PAM 功能解决实际问题。

 知识准备

 8.1　PAM 功能

PAM 功能是再现中的位置修改功能(Position Adjustment Manual),指不停止机器人的运动（便于观察机器人的运动状况），通过简单操作，对位置等进行修改。并且在示教/再现的任意模式都可进行修改。

通过 PAM 功能可对示教位置（位置、姿势角度）、动作速度和位置等级的数据进行修改，修改数据的输入范围如表 8-1 所示。

表 8-1　修改数据的输入范围

项　　目	输 入 范 围
修改程序点的数量	一次最多可修改 10 个点
位置修改范围（X、Y、Z）	单位 mm、小数点第 2 位有效 最多±10mm
姿势角度修改范围（R_x、R_y、R_z）	单位 deg、小数点第 2 位有效 最大±10deg
动作速度修改范围（V）	单位%、小数点第 2 位有效 最大达到±50%
PL（位置等级）修改范围	0～8
修改坐标系	机器人坐标系、基座坐标系、工具坐标系、用户坐标系（初始坐标：机器人坐标系）

8.2　PAM 功能的注意事项

（1）基座轴、工装轴的数据不在机器人控制范围，不能通过 PAM 功能进行修改。

（2）执行 TCP 命令时的修改，是用示教工具的数据修改的。

（3）如果不进行用户坐标系的示教，机器人不存在用户坐标系，而修改坐标系为用户坐标系时，会出现错误报警。

（4）当程序点没有位置等级时，若对位置等级（PL）进行修改，会出现错误报警。

（5）不能对带有位置型变量及参照点的程序点进行修改，否则会出现错误报警。

（6）对没有速度标记的程序点进行速度的修改，会出现错误报警。

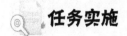 任务实施

8.3　PAM 功能的操作步骤

1．PAM 的修改

（1）选择主菜单中的【程序内容】→【程序内容】，显示程序内容画面（示教模式）或再现画面（再现模式）。

（2）选择下拉菜单中的【实用工具】。

（3）选择【PAM】，显示 PAM 功能画面后进行修改，如图 8-2 所示。

① 程序，设定要修改的程序。将光标移动至程序名文本框中，按【选择】键，显示程序一览画面。将光标移至要修改的程序名上，按【选择】键，修改的程序被设定，在页面中所做的修改操作只对设定的修改程序有效。

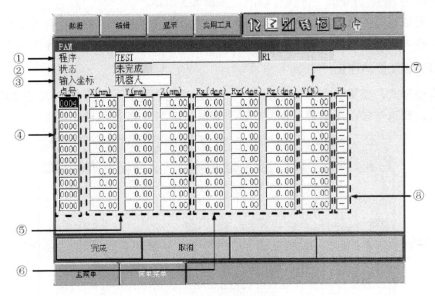

图 8-2　PAM 功能画面

② 状态，显示 PAM 的修改状态。在设定过程中显示【未完成】。

③ 输入坐标，设定要修改的坐标系。将光标移动到"输入坐标"的文本框中，按【选择】键，显示选择列表。将光标移动到想要设定的坐标系上，按【选择】键后，输入坐标被设定。

④ 点号，设定想要修改的程序点号（程序点号即每行程序语句的序号）。移动光标至程序点号，按【选择】键后，进入数值输入状态。输入程序点号，按【回车】键，程序点号被设定。

⑤ 修改量 X、Y、Z，设定想要修改坐标系的 X 方向、Y 方向、Z 方向的增量值。将光标移动到想要修改的数据处，按【选择】键后，进入数值输入状态。输入数据，按【回车】键，修改数据被设定。

⑥ 修改量 Rx、Ry、Rz，设定想要修改的姿势角度的 R_x 方向、R_y 方向、R_z 方向的增量值。移动光标至想要修改的数据，按【选择】键后，进入数值输入状态。输入数据，按【回车】键，修改数据被设定。

⑦ 修改量 V，设定速度的增量值。移动光标至速度增量值，按【选择】键后，进入数值输入状态。输入数据，按【回车】键，修改数据被设定。

⑧ 修改 PL 位置等级，在即将修改的程序中，若在④的操作中选定的程序点号有位置等级时，将显示位置等级，该数据可更改。若无位置等级时，显示横线（—）表示不可设定。若要更改位置等级时，将光标移动至位置等级，按【选择】键后，进行数值输入，按【回车】键确认。

2．完成修改

单击【完成】并选择【是】，则执行完成修改。当模式为示教模式时，完成修改后立即执行修改。当模式为再现模式时，先执行中断，再按【START】键启动机器人动作，在执行到该程序的 NOP 命令时，才执行修改，如图 8-3 所示。

一旦完成程序的修改，在 PAM 画面设定的数据就会被清除。但是，在进行位置的修改时，若有程序点超过软极限时，就会发生错误，该程序点在画面上的数据被清除。

3．PAM 功能的停止

在再现模式，如果状态为等待修改时，PAM 功能画面显示【停止】。单击【停止】，修改被停止。在执行修改完成前，若发生以下情况，PAM 功能自动停止。

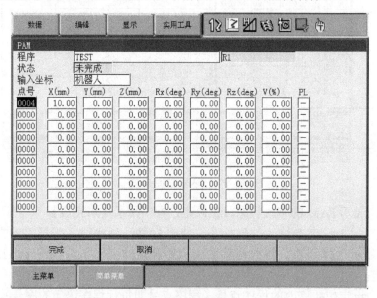

图 8-3　修改完成

（1）进行操作模式的转换时。

（2）报警发生时。

（3）电源被中断时，编辑的数据未完成之前会丢失。

4．数据的清除

当修改完成后发现修改量设定错误，或者在该程序点没有修改的必要时，可清除该行已修改的数据。

（1）将光标移动到想要清除的程序点，如图 8-4 所示。

（2）选择下拉菜单中的【编辑】。

（3）选择【行清除】，该行的数据被清除。

5．数据的复制

当设定行的输入修改数据与已输入数据的行相同时，可以直接进行修改数据的复制，操作方法如下。

（1）将光标移动到复制行的点号上。

（2）选择下拉菜单中的【编辑】，显示下拉菜单，如图8-5所示。

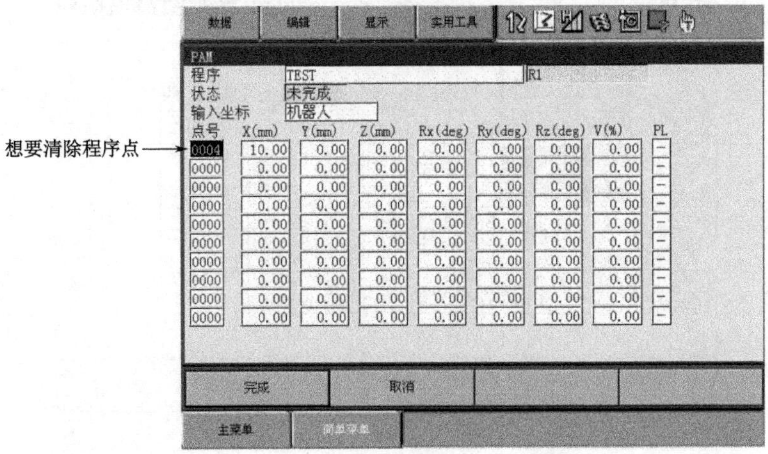

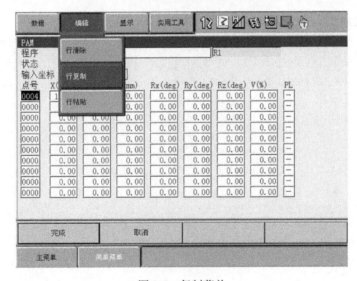

图8-4　将光标移动到想要清除的程序点

图8-5　复制菜单

（3）选择【行复制】。

（4）将光标移动到复制目的地行。

（5）选择【编辑】→【行粘贴】，X～PL 的修改数据被复制到目的地行。但是，若复制目的地位置的程序点没有速度或 PL 数据时，该行数据不能被复制。

6. 修改的取消

修改的取消功能即位置修改后还可返回位置修改前的状态。此功能在再现中不能使用，修改后不能使程序返回原位，只能在示教中使用，操作方法如下。

（1）位置修改后，修改状态为完成。

（2）选择下拉菜单中的【编辑】，显示下拉菜单，如图8-6所示。

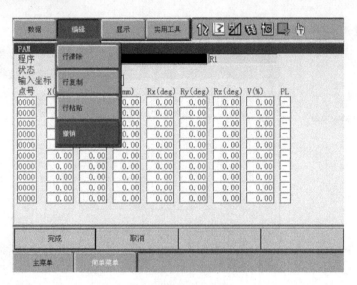

图 8-6　编辑下拉菜单

（3）选择【撤销】，显示确认对话框，并确认。

任务九

变量的使用

 任务情境

　　工业机器人在工作的过程中，操作人员发现查看工业机器人程序点的位置数据时，需要前进到该位置点后再进入当前位置菜单中才可查看，操作步骤较多。是否能通过简单的操作批量查看程序点的位置数据呢？查找资料后发现通过位置型变量编程即可实现，请把图9-1所示的涂装任务改为用位置型变量进行编程。

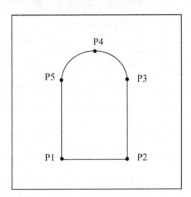

图9-1　位置型变量编程任务示意图

 任务目标

1．了解安川工业机器人变量的作用。
2．能够进行工业机器人变量的操作。
3．能够正确运用工业机器人的变量进行示教编程，完成涂装任务。

 知识准备

9.1 工业机器人的用户变量

1. 用户变量

安川工业机器人的用户变量可在程序中保存计数值、运算值和输入信号时使用。也可以在多个程序中使用同一个用户变量，进行程序间信息的接收与传递。

在实际工程中，用户变量可用于工件个数的管理、作业次数的管理、程序间的信息接收与传递等。

用户变量保存的内容在电源断开后仍可保存。DX100 控制柜的用户变量如表 9-1 所示。

表 9-1　DX100 控制柜的用户变量

数 据 形 式	变量号（个数）	功　　能
字节型	B000～B099（100 个）	可容纳值的范围是 0～255 可容纳输入/输出状态 可进行逻辑运算（AND、OR 等）
整数型	I000～I099（100 个）	可容纳值的范围是-32768～32767
双精度型	D000～D099（100 个）	可容纳值的范围是-2147483648～2147483647
实数型	R000～R099（100 个）	可容纳值的范围是-3.4E38～3.4E38 精度 $1.18E-38 < x \leqslant 3.4E38$
文字型	S000～S099（100 个）	可容纳的文字是 16 个
位置型	P000～P127（128 个） BP000～BP127（128 个） EX000～EX127（128 个）	可用脉冲型及 *XYZ* 型变量保存位置数据。*XYZ* 型变量在移动命令中，为目的地的位置数据；在平行移动命令中，可作为增量值使用

位置型变量中，P000～P127 表示机器人坐标系位置型变量，BP000～BP127 表示基座坐标系位置型变量，EX000～EX127 表示工装轴坐标系位置型变量。

2. 局部变量

局部变量与用户变量相同，同样可在保存计数值、运算值和输入信号时使用。数据形式与用户变量一样，局部变量前加 L 表示，如表 9-2 所示。表中的□□□表示局部变量可由用户自由设定使用个数。

表 9-2　局部变量表

数 据 形 式		变量号（个数）	功　　能
字节型		LB000~LB□□□	可保存的范围是 0~255 可保存输入/输出状态 可进行逻辑运算（AND、OR 等）
整数型		LI000~LI□□□	可保存的范围是-32768~32767
双精度型		LD000~LD□□□	可保存的范围是-2147483648~2147483647
实数型		LR000~LR□□□	可保存的范围是-3.4E+38~3.4E+38 精度 1.18E-38<x≤3.4E+38
文字型		LS000~LS□□□	可保存文字半角 26 个
位 置 型	机器人轴	LP000~LP□□□	位置数据可用脉冲型、XYZ 型变量保存
	基座轴	LBP000~LBP□□□	XYZ 型变量在移动命令中，使用目的地位置数据；在平行移动命令中，可作
	工装轴	LEX000~LEX□□□	为增量值使用

3. 局部变量与用户变量的区别

局部变量与用户变量均可用于保存计数值、运算值和输入信号。保存的数据形式也一样。主要区别有 4 点。

（1）用户变量为全局变量，多个程序可定义或使用同一个用户变量。当多个程序使用同一个用户变量时，在其中一个程序中进行定义，其他程序的同一个用户变量也变为所定义的数值。而局部变量只能由定义的程序使用，其他程序不能读写，局部变量在一个程序内定义或使用，不会影响其他程序中的定义或使用，如 LB001 这一局部变量可在多个程序进行单独定义或使用，互不影响，如图 9-2 所示。

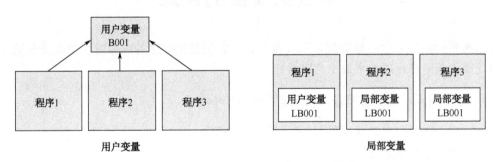

图 9-2　局部变量与用户变量的作用范围

（2）局部变量可自由设定使用几个。在程序信息画面进行设定，如图 9-3 所示。个数一旦设定，系统会自动分配所需的内存量。

（3）局部变量的内容需要先保存到用户变量后才能查看。如果要查看局部变量 LP000 存储的内容时，应先使用 SET P000 LP000 将 LP000 中的内容复制到用户变量 P000 中，执行 SET 设定命令后，可以到 P000 位置型变量画面查看位置数据。

（4）局部变量的内容只在执行定义的程序中有效，当用 CALL、JUMP 命令和【选择程序】调用定义了局部变量的程序时，系统会自动分配局部变量所需的内存量。开始执行被调用程序后，执行到 RET、END、JUMP 命令退出被调用程序，设定的局部变量所存储的内容就会丢失。但是，如果使用局部变量的程序用 CALL 命令调用其他程序，用 RET 命令返回时，局部变量的内容保持，可继续使用 CALL 命令执行之前的内容。

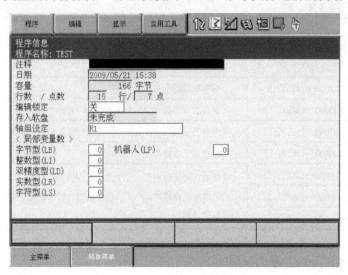

图 9-3　设定局部变量个数

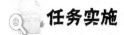 任务实施

9.2 字节型、整数型、双精度型、实数型变量的设定

当需要设定字节型、整数型、双精度型、实数型变量存储的内容时，可在变量菜单中手动直接输入或在程序中用命令自动设定。

1．在变量菜单手动直接输入设定变量的操作步骤

（1）选择主菜单中的【变量】，显示变量子菜单。

（2）选择【变量】。

根据需要存储的数据量从变量子菜单中选择目的类型的变量，如存储 8 位以下的数据（0～255）可使用字节型变量，存储的数据有可能大于 255 则应至少选用整数型变量，存储的数据带有小数点应使用实数型变量。

（3）将光标向所需的变量序号移动。

当所需的变量序号排列靠后时，将光标移动至任意一个变量序号处，按【选择】键，用数值键在数值输入框输入变量序号后，按【回车】键可快速定位到所需变量；或者选择下拉菜单中的【编辑】→【搜索】，在数值输入框输入变量序号后，按【回车】键也可快速定位到所需变量，如图 9-4 所示。

图 9-4 选定需设定的变量

（4）把光标移动到所需变量后的"内容"输入框按【选择】键，变成数值输入状态，用数值键以十进制输入设定数值后按【回车】键，输入的设定数值存储到该用户变量并以二进制显示在旁边。

（5）用户变量名称的登录。

登录用户变量的名称后可方便对用户变量查看和管理，避免出错。把光标移动到所需变量后的"名称"输入框按【选择】键，输入名称后按【回车】键即可登录用户变量名称，如图 9-5 所示。

图 9-5 登录用户变量名称

2. 在程序中用命令自动设定变量的操作步骤

在程序中可通过运算命令对用户变量进行设定，如每执行程序 INC B000 一次，B000 中存储的数值加1；每执行程序 DEC B000 一次，B000 中存储的数值减1；执行程序 SET B000 0 时，B000 中存储的数值为 0 等。

9.3 位置型变量的设定

位置型变量可用于存储位置数据，位置数据包含位置坐标、各轴角度姿势、形态和工具数据。当位置型变量存储的位置数据用于增量使用时，在变量菜单手动直接输入增量值。当位置型变量存储的位置数据用于定位位置坐标时，用轴操作进行设定。

应在示教模式对位置型变量进行设定。

1. 在变量菜单手动设定位置型变量的操作步骤

当位置型变量存储的位置数据用于增量使用时，可以进入对应的位置型变量后输入增量值，不需增量的位置数据设定为 0。如图 9-6 所示的画面中，P000 位置变量中的 X、Z 轴设定为-100，当执行增量移动命令或平行移动功能时，只有 X、Z 轴按机器人轴向负方向各移动 100mm。Y 轴的数据为 0，不会移动。

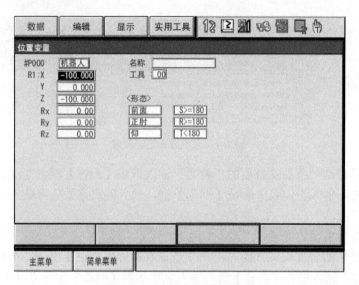

图 9-6 手动设定位置型变量

在变量菜单手动设定位置型变量的步骤与字节型、整数型、双精度型、实数型变量的设定操作步骤类似。

（1）选择主菜单中的【变量】，显示变量子菜单。

（2）选择需要设定的位置型变量，在位置型（机器人）、位置型（基座）、位置型（工装轴）中选择并显示目标位置型变量画面，在位置型变量画面中，按【进入指定页】键可快速进入需要操作的位置变量画面，如图 9-7 所示。

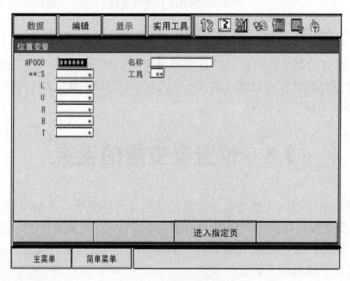

图 9-7 位置变量画面

（3）选择位置型变量编号右侧的数据形式输入框，显示数据形式的选择对话框，如图 9-8 所示。

若该位置型变量已经设定过，按【选择】键后，出现是否删除数据的提示。若选择【是】，之前已设定位置数据被删除，如图 9-9 所示。

图 9-8　数据形式

图 9-9　确认清除

（4）根据需要选择数据形式，如按机器人直角坐标系动作，选择机器人数据形式。

（5）选择需要设定轴及工具的数据输入文本框，用数值键输入数值后按【回车】键即可。"〈形态〉"的数据一般可以采用默认值，如图 9-10 所示。

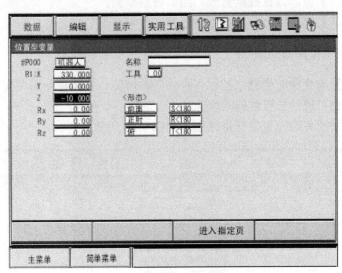

图 9-10　设定好的位置型变量

（6）关于机器人本体的形态，在位置型变量中，用 X、Y、Z 表示位置数据，当机器人向指定位置移动时，本体可有多个姿势。仅仅靠坐标值不能决定机器人本体的姿势，所以，除了坐标值以外，还需要其他指定机器人本体姿势的数据值，这些数据值就是形态。机器人的种类不同，其形态也各异，当机器人移动后的形态没有变化时，形态的数据可以采用默认值。

2. 用轴操作设定位置型变量的操作步骤

当位置型变量存储的位置数据用于定位位置坐标时，要准确测量各程序点的位置坐标比较困难，应通过轴操作设定位置型变量存储的位置数据。

（1）选择主菜单中的【变量】，显示变量子菜单。

（2）选择需要设定的位置型变量。

（3）选择位置型变量编号右侧的数据形式输入框，显示数据形式的选择对话框，根据需要选择数据形式，如按机器人直角坐标系动作，选择机器人数据形式。如图 9-11 所示。

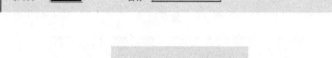

图 9-11　变量号的类型

（4）接通伺服电源，按轴操作键，用轴操作键控制机器人向目的位置移动。

（5）按【修改】键，位置数据修改为当前位置数据。

（6）按【回车】键，把当前位置数据保存在位置型变量中。

3. 位置型变量设定值的清除

每次设置位置型变量时会把之前已保存的数据清除。如果在使用中发现位置型变量存储的数据有误，也可进行位置数据的清除。

（1）打开需要清除的位置型变量画面，如图 9-12 所示。

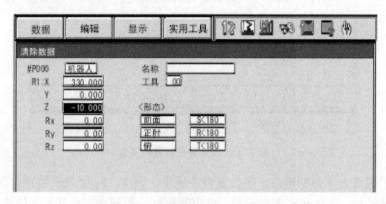

图 9-12　需要清除的位置型变量画面

（2）选择下拉菜单中的【数据】→【清除数据】，所有的位置数据被清除，如图 9-13 所示。

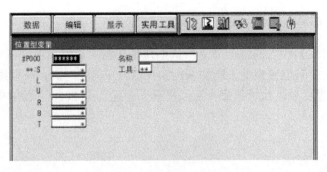

图 9-13　清除后的位置数据

9.4　用户变量的使用实例

1. 在 SET 设定命令中使用字节型变量

（1）命令路径：【命令一览】→【运算】→【SET】。

（2）命令功能：设定命令，把数据 2 中的内容复制到数据 1 中。

（3）命令格式：SET B000 B016。

（4）命令实例：执行 SET B000 B016 程序后，字节型变量 B000 的内容与字节型变量 B016 的内容相同。SET 设定命令一般用于程序开始时的复位和预设参数。

2. 在 IMOV 增量移动命令中使用位置型变量

（1）命令路径：【命令一览】→【移动】→【IMOV】。

（2）命令功能：以直线插补方式从当前位置按照设定的增量值距离移动。

（3）命令格式：IMOV P000 V=138 PL＝1 RF。

（4）命令实例：执行 IMOV P000 V=138 PL＝1 RF 程序时，机器人按设定的再现速度、位置等级和坐标系（RF 表示机器人坐标系），以 P000 中的 X、Y 和 Z 轴位置数据增量移动，当 P000 中的位置数据如图 9-14 所示时，机器人向 X 轴和 Z 轴方向增量移动，Y 轴方向不动。

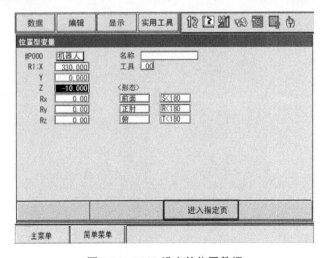

图 9-14　P000 设定的位置数据

3．在 MOVJ 等移动命令中使用

通过【插补方式】输入的移动命令默认不带位置型变量附加项，在【命令一览】中选择移动命令会自动带有位置型变量附加项。如 MOVL P050 V=20，该直线插补命令中 P050 即为第 50 号位置型变量，执行该命令后，机器人会运动至 P050 存储的位置坐标处。

任务十

工具坐标系的设置

任务情境

工业机器人完成涂胶的效果非常好，所以工厂里新购买了一台工业机器人，新机器人的工作任务是搬运。为了更准确的定位，完成搬运任务，必须根据机器人的搬运夹具设置工具坐标系。

工业机器人实际所用夹具如图 10-1 所示，请完成对应工具坐标系的设置。

图 10-1　工业机器人实际所用夹具示意图

任务目标

1. 了解安川工业机器人工具坐标系的作用。

2. 能够根据实际使用的工具进行工业机器人工具坐标系的设置。

3. 能够正确调用工业机器人的工具坐标系进行示教操作。

 知识准备

10.1 工具坐标系介绍

为了给机器人正确的进行直线插补、圆弧插补等插补动作，要登录实际使用的工具如焊枪、抓手和焊钳等工具的尺寸信息，重新定义实际工具控制点的位置。

机器人在出厂时，控制点在法兰盘的中心点上，建立工具坐标系的主要目的是把机器人法兰盘上的控制点转移到工具的尖端点（工作点）上。如图 10-2 所示，焊枪将控制点从法兰盘的中心点转移到焊枪的焊点上。

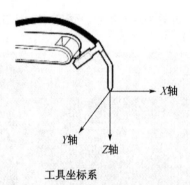

工具坐标系

图 10-2 焊枪的工具坐标系

工具坐标系的设置方法有两种。

（1）如果知道工具的尺寸等参数，可以直接在工具文件夹中输入工具的相关参数。

（2）如果不知道工具的尺寸等参数，测量工具的尺寸又不方便时，可以通过工具校验自动计算工具参数。

安川工业机器人 DX100 控制柜最多可以登录 64 组工具坐标系，每组工具坐标系用一个文件存储，并标有 0～63 的文件编号，把这样的每一个文件称为工具文件。

当有多个工具文件时，参数 S2C431 可设定能否切换指定工具（1—可以切换、0—不可以切换）。在工具坐标系下，按【转换】+【坐标】键进入工具坐标一览画面，通过上下光标键可以选择所需的工具文件，选中所需的工具文件后按【转换】+【坐标】键返回，如图 10-3 所示。

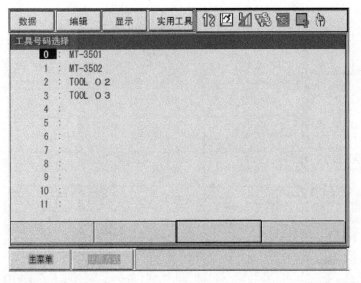

图 10-3　切换工具文件

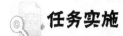任务实施

10.2　工具坐标系的直接输入设置

1. 输入工具控制点偏移值

直接在登录的工具文件中输入工具的相关参数，即输入工具的控制点位置坐标相对于法兰盘中心点位置坐标在 X、Y 和 Z 轴上的偏移值。如图 10-4 所示，焊枪的控制点相对法兰盘控制点只有 Z 轴上的偏移，在设置工具坐标系时，只需要输入 Z 轴的偏移值即可。

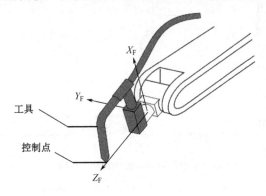

图 10-4　工具坐标系与工具的控制点位置

（1）选择主菜单中的【机器人】，显示机器人子菜单，如图 10-5 所示。

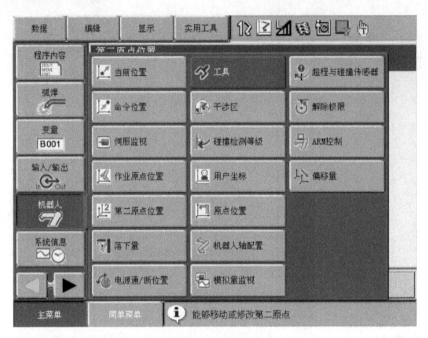

图 10-5　机器人子菜单

（2）选择机器人子菜单中的【工具】，显示工具一览画面。将光标移动到想要选择的工具文件编号上，按【选择】键进入工具坐标画面，如图 10-6 所示。

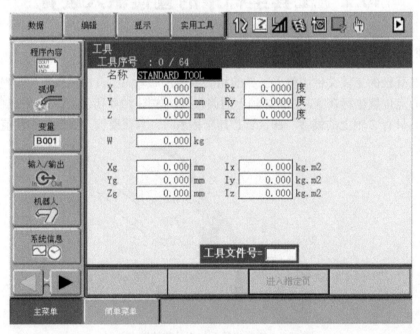

图 10-6　工具坐标画面

在工具坐标画面，按翻页键或输入"工具文件号"也可以切换到希望设定的工具坐标画面。

（3）进入要设定的工具坐标画面后，在需要设置坐标值的输入框中按【选择】键，显示数值输入状态，输入坐标值后按【回车】键登录该坐标值。如图 10-7 所示，登录的坐标值为图 10-4 中所示的焊枪的工具坐标值，除 Z 轴有偏移外，其他轴都为 0。

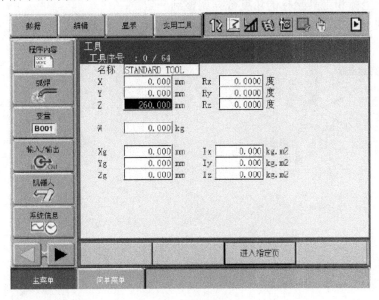

图 10-7　登录坐标值

工具坐标系的设置

2．工具坐标系坐标偏移值的设置实例

工具坐标系坐标偏移值的设置实例如图 10-8 所示。

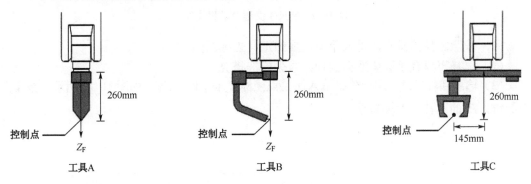

- 工具A、B的情况

X	0.000 mm	Rx	0.0000 deg.
Y	0.000 mm	Ry	0.0000 deg.
Z	260.000 mm	Rz	0.0000 deg.

- 工具C的情况

X	0.000 mm	Rx	0.0000 deg.
Y	145.000 mm	Ry	0.0000 deg.
Z	260.000 mm	Rz	0.0000 deg.

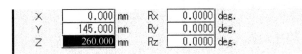

图 10-8　工具坐标系偏移值的设置实例

3. 登录工具姿势数据

工具姿势数据是指表示机器人法兰盘坐标和工具坐标的角度数据。通过工具姿势数据可以把法兰盘坐标和工具坐标的角度数据调整到一致。

登录如图 10-9 所示的工具时，朝着箭头向右旋转是正方向，按照 $R_z \rightarrow R_y \rightarrow R_x$ 的顺序登录。登录 $R_z = 180$，$R_y = 90$，$R_x = 0$。

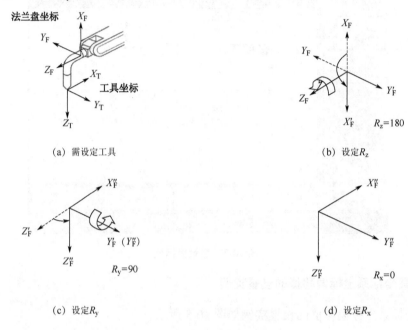

(a) 需设定工具　　　　　　　　　　　　(b) 设定 R_z

(c) 设定 R_y　　　　　　　　　　　　(d) 设定 R_x

图 10-9　登录工具姿势数据实例

（1）按照之前的操作，进入希望设置的工具坐标画面。

（2）选择想要登录姿势数据的轴，首先应选择 R_z。

（3）输入回转角度。用数值键输入法兰盘坐标 Z_F 的回转角度，如图 10-10 所示。按【回车】键，R_z 的回转角度被登录。

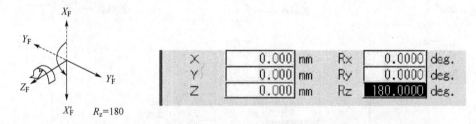

X	0.000	mm	Rx	0.0000	deg.
Y	0.000	mm	Ry	0.0000	deg.
Z	0.000	mm	Rz	180.0000	deg.

图 10-10　设定 R_z

（4）用同样的操作输入 R_y、R_x 的回转角度。R_y 为法兰盘坐标 Y_F' 的回转角度；R_x 为法兰盘坐标 X_F'' 的回转角度，如图 10-11 所示。

4. 工具质量信息的设定

工具质量信息是指安装在法兰盘上的工具整体的质量、重心及重心位置回转惯性矩的信息，如图 10-12 所示。

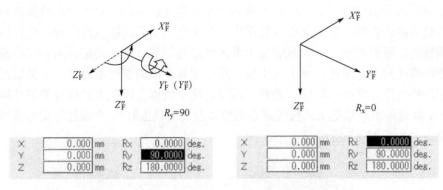

图 10-11　设定 R_y，R_x

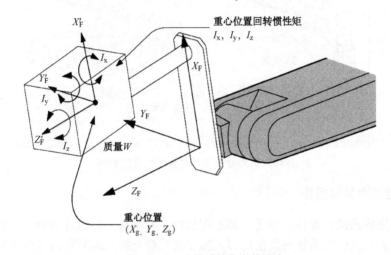

图 10-12　工具质量信息的设定

应根据实际使用中的工具正确设定工具质量信息，工具质量信息输入不正确时，会出现降低减速机构寿命、发生报警等情况。改变了工具质量信息后，应再次确认使用该工具文件的各程序的动作轨迹。

应在安装工具后进行示教前，设定工具质量信息。万不得已要在途中改变工具质量信息时，应再次确认使用该工具文件的各程序的动作轨迹。如果改变了工具质量信息，在执行程序时，动作轨迹会发生一些变化，工具和夹具等有可能发生碰撞而造成人身伤害、设备损坏等。

（1）质量。

质量 W（单位为 kg），可以设定一个大概的且稍微大一点儿的值，以 0.5～1kg 为单位进行值的增减，大型机器人以 1～5kg 为单位进行值的增减。

（2）重心位置。

重心位置用 X_g、Y_g 和 Z_g 表示（单位为 mm），被安装的工具的整体重心位置以其在法兰盘坐标上的位置设定。求出精确的重心位置通常是很困难的，可以设定一个大概值。根据工具外形推算一个大概的位置进行设定。工具的样本上标有工具的重心位置时，用该值进行设定。

（3）重心位置回转惯性矩。

重心位置回转惯性矩用 I_x、I_y 和 I_z 表示（单位为 $kg \cdot m^2$）。对于重心位置的回转惯性矩是工具自身的惯性矩，即把重心位置作为一个原点，工具沿法兰盘坐标的坐标轴平行回转时的惯性矩，可以设定一个大概的且稍微大一点儿的值。这个设定是用来求出机器人各轴所承受的惯性矩的。但是，对于从质量和重心位置求出的惯性矩而言，多数情况下，重心位置回转惯性矩非常小，所以，通常不用设定这个数据。而在工具自身的惯性矩较大的情况下（工具的外形尺寸是法兰盘到重心的距离的 2 倍以上时），必须进行重心位置回转惯性矩的设定，如图 10-13 所示。

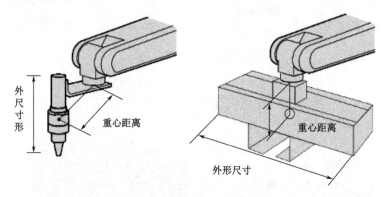

（a）工具外形尺寸比较小时，无须设定惯性矩　　（b）工具外形尺寸比较大时，须设定惯性矩

图 10-13　重心位置回转惯性矩的设定原则

5. 工具坐标系的轴操作

完成工具坐标系的设置后，按【坐标】键选择工具坐标系，进行轴操作，机器人按工具坐标系运动。工具坐标系将安装在机器人腕部法兰盘上的工具的有效方向作为 Z 轴，其轴操作动作如图 10-14 所示，应特别注意工具坐标系将坐标原点定义在工具尖端点上。因此，工具坐标轴的方向随腕部动作的变化而变化。

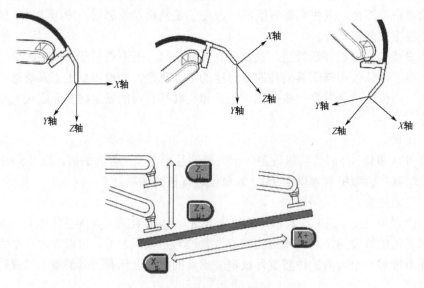

图 10-14　工具坐标系的有效方向

轴操作时，机器人沿定义在工具尖端点处的 X、Y 和 Z 轴平行运动，各轴动作如表 10-1 所示。

表 10-1　工具坐标系的轴操作

轴 名 称		轴 操 作	动 作
基本轴	X 轴	[X-/S-]　[X+/S+]	沿 X 轴平行移动
	Y 轴	[Y-/L-]　[Y+/L+]	沿 Y 轴平行移动
	Z 轴	[Z-/U-]　[Z+/U+]	沿 Z 轴平行移动
手腕轴		运动时控制点保持不变	

工具坐标系与直角坐标系的轴操作都是沿 X、Y 和 Z 轴平行移动，但两个坐标系的 X、Y 和 Z 轴的方向是不同的，直角坐标系的 Z 轴正方向是垂直水平线向上的，而工具坐标系的 Z 轴正方向是工具的有效方向（工具的延长线上）。

当同时按 2 个以上的轴操作键时，机器人呈合成式运动。但是，像【X-】+【X+】这样同轴反方向的 2 个键同时按下时，所有轴均不动。

控制点保持不变的操作在工具坐标系中以工具坐标的 X、Y、Z 轴为基准，做回转运动，如图 10-15 所示。

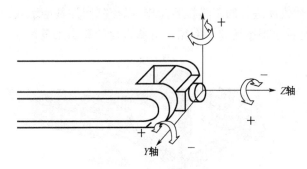

图 10-15　控制点保持不变的操作

工具坐标的运动不受机器人位置或姿势的变化影响，主要以工具的有效方向为基准进行运动。所以，工具坐标运动最适合在工具姿势始终与工件保持不变、平行移动的应用中使用。

10.3　工具校验

通过工具校验能够容易并正确的进行尺寸信息输入。利用工具校验功能，工具控制点的位置由机器人自动计算出来，并且登录到工具文件中。在工具校验中登录的是法兰盘上的工具控制点的坐标值和工具姿势，如图 10-16 所示。

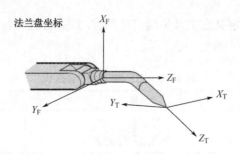

图 10-16　法兰盘坐标

在法兰盘坐标中，Z_F 是法兰盘向前的坐标；X_F 是垂直于法兰盘的方向；Y_F 是由 X_F、Z_F 形成的 Y 轴方向。

1. 工具校验方法

进行工具校验时有三种情况，根据参数 S2C432 的内容校验不同的工具数据。

参数 S2C432 设定为 0 时，只校验坐标值，从 5 个点的校验示教位置计算出来的坐标值，被设定在工具文件中。这种情况的姿势数据全部清除为 0.00。

参数 S2C432 设定为 1 时，只校验姿势数据，从第 1 点的校验示教位置计算出的姿势数据设定在工具文件中。这种情况的坐标值不会修改（保持原值）。

参数 S2C432 设定为 2 时，同时校验坐标值和姿势数据，从 5 个点的校验示教位置计算出来的坐标值和从第 1 点的校验示教位置计算出来的姿势数据，被设定到工具文件中。

（1）为了定义坐标值而进行的工具校验操作，以控制点为基准示教 5 个不同姿势（TC1～TC5），如图 10-17 所示，根据这 5 个数据，机器人自动算出工具尺寸（坐标值）。

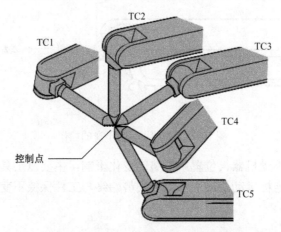

图 10-17　控制点为基准示教 5 个不同姿势

各点的姿势应尽量取任意方向的姿势，姿势变化越大校验结果精度越高。选取的姿势若仅朝一定方向旋转，则可能导致精度不高。

（2）为了定义姿势数据进行的工具校验操作，在示教位置的第 1 个点（TC1），将想设定的工具坐标 Z 轴垂直朝下（与基座坐标 Z 轴平行，前端朝同一方向）进行示教，如图 10-18 所示，根据 TC1 姿势，工具姿势数据就自动计算出来了。

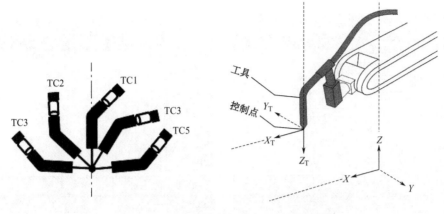

图 10-18　定义姿势数据进行工具校验操作

2. 工具校验的操作

（1）选择主菜单中的【机器人】→【工具】。

（2）选择需要的工具序号，显示其工具坐标画面，如图 10-19 所示。

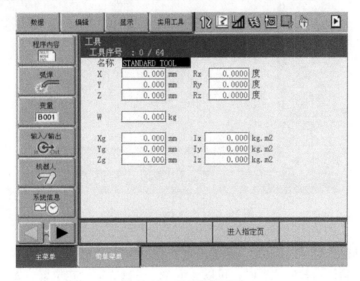

图 10-19　工具坐标画面

（3）选择下拉菜单中的【实用工具】，显示下拉子菜单，如图 10-20 所示。

（4）选择【校验】，显示工具校验设定画面，如图 10-21 所示。

（5）选择机器人。

① 选择校验对象机器人，只有一台机器人时不用选择。

② 选择工具校验设定画面的"**"，从选择对话框里选择机器人。

③ 设定所选机器人。

（6）选择"位置"，显示选择对话框。同时选择示教设定位置，如图 10-22 所示。

（7）从 TC1 开始，用轴操作键把机器人移动到所希望的位置。按【修改】、【回车】键，登录示教位置。在操作时应注意如果需要校验姿势数据，通过 TC1 设定工具坐标系的 Z 轴，TC1 应尽量垂直朝下。

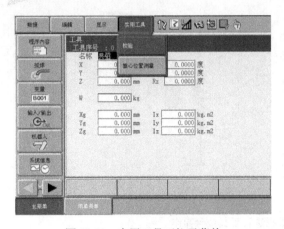

图 10-20　实用工具下拉子菜单

图 10-21　工具校验设定画面

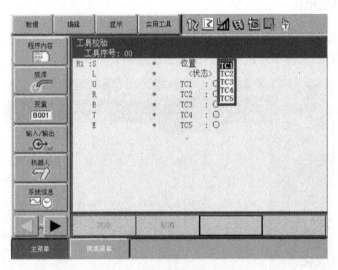

图 10-22　选择示教设定位置

（8）反复操作步骤（6）、（7），示教设定位置的 TC1～TC5。

（9）当需要确认示教的位置时，可以显示 TC1～TC5 的设定位置。如选择 TC1，接通伺服电源，按【前进】键，机器人移动到示教好的 TC1 的位置。

机器人当前的位置和在画面中显示的位置数据不同时，设定位置的"TC1～TC5"的状态显示为"〇"。

10.4　工具质量和重心自动测定功能

工具质量和重心自动测定功能是指对工具质量的信息，即质量和重心位置能够进行简单登录的功能。利用工具质量和重心自动测定功能，可以自动测定工具的质量和重心位置并登录在工具文件中。

工具质量和重心自动测定功能适用于机器人设置安装对地角度为 0°的情况，并且要拆除连接在工具上的电缆等，否则，测量结果可能会不正确。

1．质量、重心位置的测定

测定质量、重心位置时，将机器人移到基准位置（U、B 和 R 轴在水平位置），然后操作 U、B、T 轴，使其动作，如图 10-23 所示。

（1）选择主菜单中的【机器人】→【工具】，显示工具一览画面。工具一览画面只在文件扩展功能有效时才显示。在文件扩展功能无效时，直接显示工具坐标画面。

（2）选择工具序号。

（3）选择下拉菜单中的【实用工具】→【自动测定重量、重心】。

（4）按翻页键可在多台机器人的系统中切换对象控制组。

（5）按【前进】键。第一次按【前进】键，将机器人移到基准位置。U、B、R 轴为水平位置。

（6）再次按【前进】键。第二次按【前进】键，开始进行测定。按照以下步骤操作机器人。测定完成的项目状态从"〇"变为"●"。

① 测定 U 轴：U 轴基准位置为+4.5°～-4.5°。

② 测定 B 轴：B 轴基准位置为+4.5°～-4.5°。

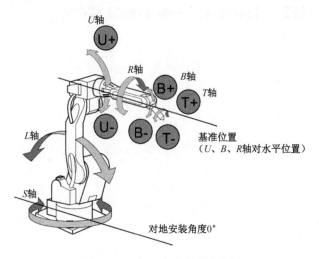

图 10-23　机器人移到基准位置

③ 第一次测定 T 轴：T 轴基准位置为+4.5°～-4.5°。

④ 第二次测定 T 轴：T 轴基准位置为+60°～+4.5°～-4.5°。

测定中的速度，自动成为"中速"，测定中，画面中的"基准"或"U 轴"等呈闪烁状态。测定中，在"〇"变为"●"之前，松开【前进】键，测定中断，显示【测定中断】的信息，再测定时，从基准位置开始。

当全部测定结束时，所有的"〇"转变成"●"，测定好的画面如图 10-24 所示。

（7）在测定好的画面中选择【登录】，测定数据在工具文件中登录，显示工具坐标画面。选择【取消】时，测定数据不在工具文件中登录。

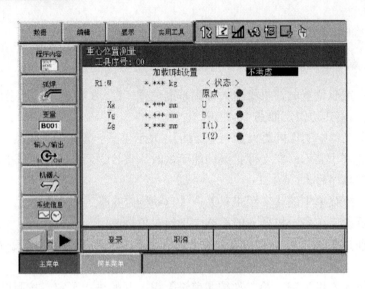

图 10-24　测定好的画面

4．校准数据的删除

进行新的工具校验时，要初始化机器人信息及校验数据，在工具校验设定画面里，选择下拉菜单中的【数据】→【清除数据】→按【回车】键确认。

任务十一

通用输出的控制

任务情境

工厂里新购买了一台工业机器人，新机器人的工作任务是搬运。如图 11-1 所示，输送线把工件输送到 3 点后，要求示教机器人从 1 点出发，把工件从 3 点搬运到 5 点再返回 1 点。

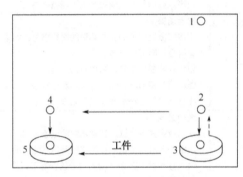

图 11-1　搬运任务示意图

任务目标

1. 了解安川工业机器人通用输出控制的作用。
2. 能够进行工业机器人通用输出的操作。
3. 能够正确运用通用输出命令实现对工业机器人夹具的控制，完成搬运任务。

知识准备

 工业机器人输入/输出控制的作用

安川工业机器人 DX100 控制柜的输入/输出根据用途不同有专用输入/输出和通用输入/输出两种。

专用输入是出厂时分配好的信号，主要是在夹具控制柜、集中控制柜等外部操作设备作为系统来控制机器人及相关设备时使用，不能修改端子的功能。

通用输入/输出主要在机器人的操作程序中使用，作为机器人和周边设备的即时信号。通用输入/输出端子的功能是可编程修改的，机器人在出厂时已分配好部分端子的功能，通过主菜单【输入/输出】中的【梯形图程序的编辑】可对已分配好的功能根据需要进行修改。

1. 专用输入

专用输入通过控制柜的 MXT 专用输入端子台实现输入。MXT 专用输入端子台的定义如表 11-1 所示，详细说明参见"任务十八　远程控制模式的操作"中的相关内容。

表 11-1　MXT 专用输入端子台的定义

信号名称	连接编号（MXT）	双路输入	功　能	出厂设定
EXESP1+	-19		**外部急停**	
EXESP1-	-20	○	用于连接一个外部操作设备的急停开关。	用跳线短接
EXESP2+	-21		如果输入此信号，则伺服电源切断且程序停止执行。	
EXESP2-	-22		当输入该信号时，伺服电源不能被接通	
SAFF1+	-9		**安全插销**	
SAFF1-	-10		连接安全栏门上的安全插销的联锁信号。如果打开安全栏的门，用此信号切断伺服电源。	
SAFF2+	-11	○	如输入此联锁信号，则切断伺服电源。	用跳线短接
SAFF2-	-12		当此信号接通时，伺服电源不能被接通。	
			注意这些信号在示教模式下无效	
FST1+	-23		**维护输入**	
FST1-	-24		在示教模式下测试运行时，解除低速极限。	
FST2+	-25	○	短路输入时，测试运行的速度是示教速度的 100%。	打开
FST2-	-26		输入打开时，在 SSP 输入信号的状态下，选择第 1 低速（16%）或选择第 2 低速（2%）	
SSP+	-27		**选择低速模式**	
SSP-	-28	—	此输入状态决定了 FST（全速测试）打开时的测试运行速度。 打开时：第 2 低速（2%） 短路时：第 1 低速（16%）	用跳线短接
EXSVON+	-29		**外部伺服 ON**	
EXSVON-	-30	—	连接外部操作设备等的伺服 ON 开关时使用。 通信时，伺服电源打开	打开
EXHOLD+	-31		**外部暂停**	
EXHOLD-	-32	—	用于连接一个外部操作设备的暂停开关。 如果输入此信号，则程序停止执行。 当输入该信号时，不能进行启动和轴操作	用跳线短接
EXDSW1+	-33			
EXDSW1-	-34	○	**外部安全开关**	用跳线短接
EXDSW2+	-35		当两人进行示教时，为没有拿示教编程器的人连接一个安全开关	
EXDSW2-	-36			

注：○代表双路输入。

2. 通用输入/输出

通用输入/输出通过控制柜的 I/O 单元（JZNC-YIU01-E）实现控制。机器人通用输入/

输出（数字量输入/输出）用的插头有 4 个（CN306、CN307、CN308、CN309）。输入和输出分别有 40 点可供使用。

其中 CN308 插头输入/输出端子的出厂定义如图 11-2 所示。

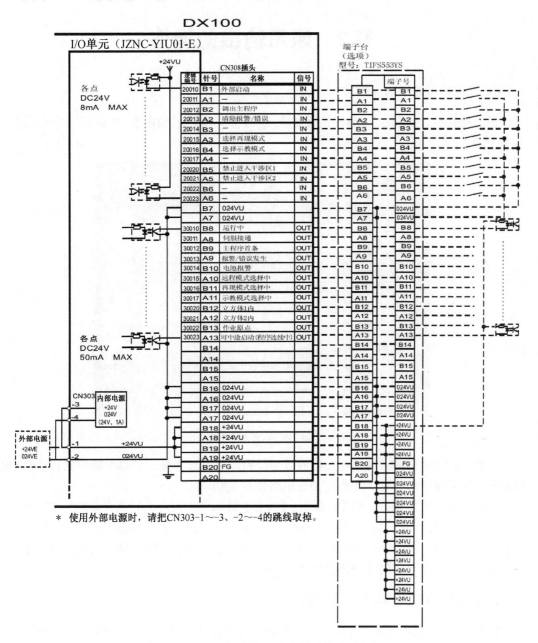

图 11-2　CN308 插头输入/输出端子的出厂定义

CN308 插头通过光电耦合器与机器人系统连接，实现光电隔离保护。它共有 12 个输入端子和 12 个输出端子，输入端子接低电平有效，输出端子接高电平有效。每个输入/输出端子分配有一个独立的逻辑编号，如输入端子 B1 的逻辑编号为 20010，输出端子 B8 的逻辑编号为 30011。

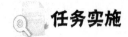

任务实施

11.2 通用输出的操作

1．通用输出的手动操作

手动操作时，选择主菜单中的【输入/输出】→【通用输出】，出现通用输出画面，如图 11-3 所示。

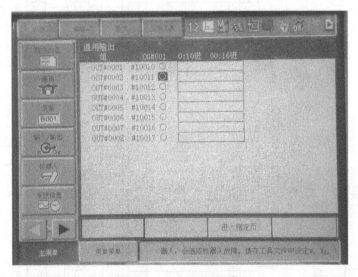

图 11-3　通用输出画面

在通用输出画面中，通用输出信号以组排列，每组 8 点输出，每个输出点有独立的逻辑编号，如通用输出点 OUT#0001 的逻辑编号是 10010。

移动光标到状态圆处，按【联锁】+【选择】键即可打开或关闭该点输出。状态圆为实心时，表示该点接通；状态圆为空心时，表示该点关闭。通用输出信号通过 I/O 单元（JZNC-YIU01-E）将信号输出给外部设备，通用输出信号与 CN308 插头的连接通过【梯形图程序的编辑】菜单中的选项进行配置和修改。

2．【梯形图程序的编辑】选项的操作

【梯形图程序的编辑】的选项必须在安全模式为管理模式时才能进行操作。其操作步骤如下。

（1）选择主菜单中的【输入/输出】→【梯形图程序的编辑】，打开梯形图程序的编辑画面。

（2）梯形图程序分为用户梯形图和系统梯形图，选择"用户梯形图"，如图 11-4 所示。

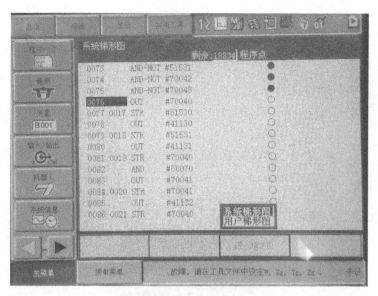

图 11-4　梯形图程序的编辑画面

（3）移动光标到需要修改的指令处，按【选择】键，出现指令列表，在指令列表中选择需要的指令。

（4）移动光标到需要修改的逻辑编号处，按【选择】键，在输入框中用数值键输入新的逻辑编号。

（5）通用输出梯形图程序的编辑实例如图 11-5 所示。

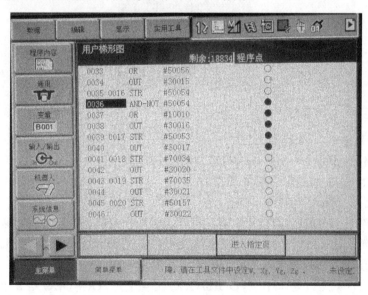

图 11-5　通用输出梯形图程序的编辑实例

其中 0035～0038 段指令组成 0016 段程序，逻辑编号 50054 表示再现模式中，逻辑编号 10010 为通用输出 1 号端口，逻辑编号 30016 为 CN308 输出 B11 号端口，出厂功能为再现模式选择中。通过 0016 段程序把 B11 号端口的功能修改为通用输出 1 号端口的功能。0016 段程序的梯形图如图 11-6 所示。

```
   50054            50054
 ───┤├──────────────┤/├──────────────(     30016     )───
                    │
   10010            │
 ───┤├──────────────┘
```

图 11-6　0016 段程序对应的梯形图

3. 指令操作

I/O 指令如图 11-7 所示。

图 11-7　I/O 指令

（1）DOUT 命令。

① 命令路径：【命令一览】→【I/O】→【DOUT】。

② 命令功能：使通用输出信号开或关。

③ 命令格式：DOUT OT#（1）OFF。

④ 命令实例一：DOUT OT#（1）ON，打开 1 号输出端口。机器人执行该命令后，通用输出 1 号端口输出 1（高电平）。DOUT OT#（1）OFF，关闭 1 号输出端口。机器人执行该命令后，通用输出 1 号端口输出 0（低电平）。

输出信号 OT#（XX）是 1 个点，OGH#（XX）是 4 个点，OG#（XX）是 8 个点，如表 11-2所示。

表 11-2　DOUT 指令输出表

OT#(8)	OT#(7)	OT#(6)	OT#(5)	OT#(4)	OT#(3)	OT#(2)	OT#(1)
OGH#(2)				OGH#(1)			
OG#(1)							

⑤ 命令实例二：DOUT OG#（3）B000，超过1个点输出时需要先把输出数据存储在变量中再使用 DOUT 命令输出，执行以下程序时，通用输出的 20 号端口和 21 号端口为开，如表 11-3 所示。

SET B000 24

DOUT OG#（3）B000

其中，B000 = 24（十进制）= 00011000（二进制）。

表 11-3　输出点

OT#（24）	OT#（23）	OT#（22）	OT#（21）	OT#（20）	OT#（19）	OT#（18）	OT#（17）
128	64	32	16	8	4	2	1
OG#（3）							

（2）DIN命令。

① 命令路径：【命令一览】→【I/O】→【DIN】。

② 命令功能：把信号的状态读入机器人的变量。

③ 命令格式：DIN B016 IN#（12）。

④ 命令实例：DIN B016 IN#（12），把通用输入 12 号端口的状态读入 16 号字节型变量中。当 12 号端口外接按钮，并且按钮接通时，B016 = 1（十进制）= 00000001（二进制）；按钮断开时，B016 = 0（十进制）= 00000000（二进制）。

任务十二

通用输入的控制

 任务情境

在上一个任务中，工业机器人将工件直接从 3 点搬运到 5 点，在实际工件搬运过程中发现存在碰撞的安全隐患，要求修改控制流程。工业机器人在 3 点夹取工件并提升到 2 点后停止，等待操作人员确认安全后按下确认按钮 SB1，机器人继续工作，将工件搬运到 5 点，完成搬运后返回 1 点。

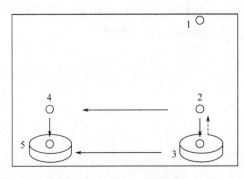

图 12-1　通用输入的控制任务

 任务目标

1．了解安川工业机器人通用输入控制的作用。

2．能够进行工业机器人通用输入的操作。

3．能够正确运用通用输入和待机命令实现对工业机器人安全确认的控制，完成搬运任务。

知识准备

12.1 输入安全确认控制

输入安全确认控制可通过待机命令 WAIT 实现。安全确认的按钮可直接连接至机器人的 I/O 单元（JZNC-YIU01-E），或通过可编程序控制器等设备间接输入。

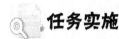任务实施

12.2 通用输入的操作

1. 安全确认按钮的安装

安全确认按钮安装在机器人 I/O 单元（JZNC-YIU01-E）的 CN308 插头的输入点上。安装时应注意输入端接低电平有效。与通用输出相同，通用输入信号与 CN308 插头的连接通过【梯形图程序的编辑】菜单中的选项进行配置和修改。

2. 通用输入梯形图程序

通用输入梯形图程序的编辑实例如图 12-2 所示。

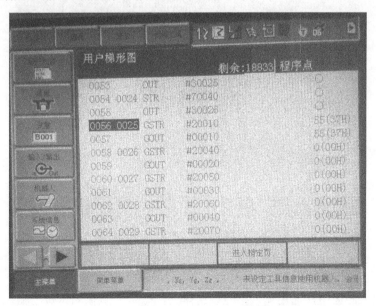

图 12-2 通用输入梯形图程序的编辑实例

其中 0056～0057 段指令组成 0025 段程序，逻辑编号 20010 为 CN308 插头的 B10 接线端子，逻辑编号 00010 为通用输入 1 号端口。通过 0025 段程序把 CN308 的出厂输入端子 B10～B17 的功能以 8 个点整组修改为通用输入第 1 组信号，0025 段程序的梯形图如图 12-3 所示。

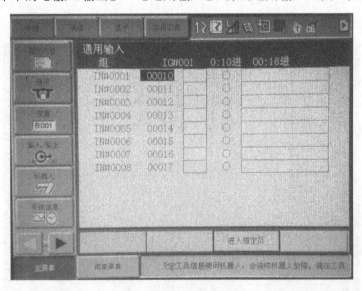

图 12-3　0025 段程序的梯形图

3．通用输入的查看

选择主菜单中的【输入/输出】→【通用输入】，弹出通用输入画面，如图 12-4 所示。

图 12-4　通用输入画面

在通用输入画面中，通用输入信号以组排列，每组 8 点输入，每个输入点有独立的逻辑编号，如通用输出点 IN#0001 的逻辑编号是 00010。

在通用输入梯形图程序的编辑实例中，安全确认按钮的常开触点安装在 CN308 插头的

B1 端子上。当按下按钮时，通用输入点 IN#0001 的状态圆会变为实心，表示有输入信号；未按下按钮时，通用输入点 IN#0001 的状态圆会变为空心，表示没有输入信号。如果安全确认按钮的常开触点安装在同组的其他端子上，则控制的是 IN#0001 同组的对应输入点。

4．WAIT 命令

（1）命令路径：【命令一览】→【I/O】→【WAIT】。

（2）命令功能：待机命令，在外部输入信号与指定状态达到一致前，始终处于待机状态。

（3）命令格式：WAIT IN#(1)=ON。

（4）命令实例：WAIT IN#(1)=ON，当通用输入 1 号端口有输入信号时，执行后续程序。

任务十三

用户坐标系的设置

任务情境

由于生产流程的改变，工业机器人的搬运任务需要增加搬运点，如图 13-1 所示，生产线送到 A 点的是两个叠放在一起的工件，要求机器人把上工件搬运到 B 点，把下工件搬运到 C 点。

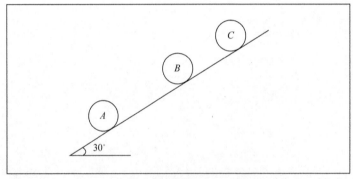

图 13-1　用户坐标系的设置工作任务

任务目标

1. 了解安川工业机器人用户坐标系的作用。
2. 能够根据实际工件位置进行工业机器人用户坐标系的设置。
3. 能够正确调用工业机器人的用户坐标系进行示教操作，并完成搬运任务。

知识准备

　用户坐标系的作用

在用户坐标系中，在机器人动作范围内可以设定任意角度的 X、Y 和 Z 轴直角坐标系，机器人按设定好的这些轴平行移动，如图 13-2 所示，*X*、*Y* 和 *Z* 轴直角坐标系可以在任意位置定义，控制点根据所设坐标平行运动。

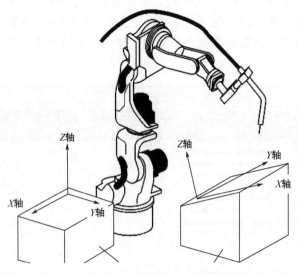

图 13-2 用户坐标系示意图

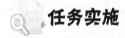 任务实施

13.2 用户坐标系的设定

用户坐标系是用户为方便编程而自行定义的，以操作机器人示教三个点来定义。如图 13-3 所示。ORG、XX 和 XY 为三个定义点。这三个点的位置数据被输入用户坐标文件。其中 ORG 为原点，XX 为 *X* 轴上的点，XY 为用户坐标 *Y* 轴一侧 *XY* 面上的示教点，此点定位后可以决定 *Y* 轴和 *Z* 轴的方向，ORG 和 XX 两点应准确示教。

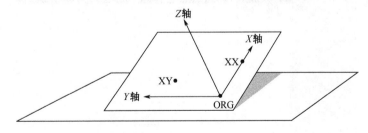

用户坐标系的定义

ORG：用户坐标系的原点

XX：用户坐标系 *X* 轴上的点

XY：用户坐标系 *Y* 轴一侧 *XY* 面上的点

图 13-3 用户坐标系

1. 用户坐标文件个数

用户坐标系最多可输入 63 个，每个用户坐标系有一个坐标号（1～63），作为一个用户坐标文件被调用。当有多个用户坐标文件时，按【转换】+【坐标】键进入用户坐标一览画面，通过上下光标键可以选择所需的用户坐标文件，选中后按【转换】+【坐标】键返回，如图 13-4 所示。

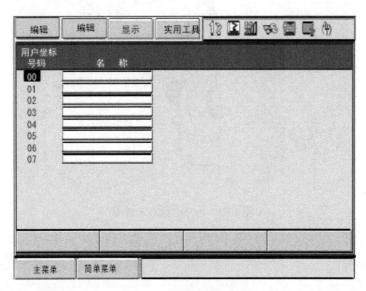

图 13-4　切换用户坐标系

2. 用户坐标文件的查看

（1）选择主菜单中的【机器人】→【用户坐标】，显示用户坐标文件画面，如图 13-5所示。

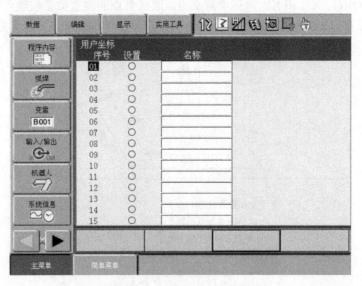

图 13-5　用户坐标文件画面

（2）用户坐标系已经被设定时，"设置"显示为"●"；未完成设置的用户坐标系，"设置"显示为"○"。

需要确认已设定的用户坐标值时，选择下拉菜单【显示】→【坐标数据】，即可显示用户坐标值画面，如图 13-6 所示。

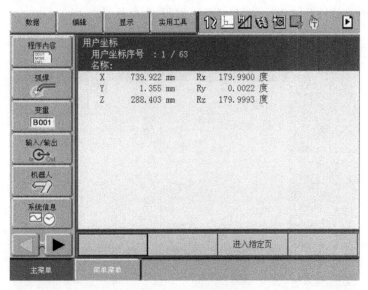

图 13-6　用户坐标值画面

（3）在用户坐标文件画面移动光标到想要查看或设置的用户坐标序号上，按【选择】键可进入想要查看或设置的用户坐标设置画面，如图 13-7 所示。

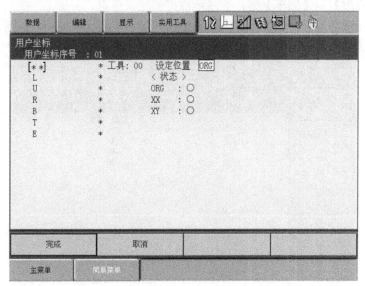

图 13-7　用户坐标设置画面

3. 用户坐标系的设置

未完成设置的用户坐标系无法使用。在示教操作中，如果未设置用户坐标系又调用用户坐标系时，会出现未设置用户坐标系的报警信息。用户坐标系的设置如下。

（1）选择对象机器人（如果仅有一台机器人或已经选择了机器人时，不用进行此项操作）。选择用户坐标设置画面中的"**"，从选择对话框中选择对象机器人。

（2）选择"设定位置"，显示选择对话框，选择示教的定义点 ORG、XX 和 XY，3 个定义点的定义顺序依次是 ORG、XX、XY，如图 13-8 所示。

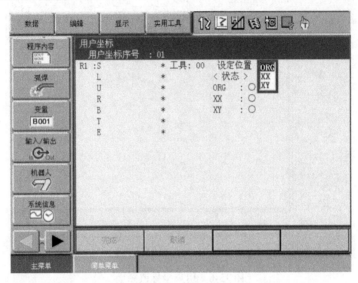

图 13-8　设定位置

（3）通过轴操作键将机器人移动到想要到达的位置。

（4）按【修改】→【回车】键，登录示教好的定义位置。

（5）重复步骤（2）～（4），对 ORG、XX、XY 3 个定义点进行定义示教。画面中已示教完成的点的状态显示为●，未示教的显示为○，如图 13-9 所示。

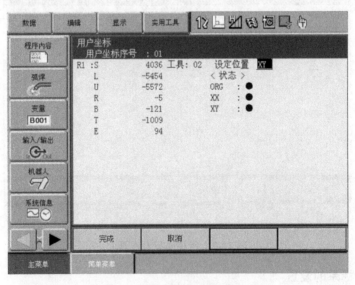

图 13-9　已完成定义的点的状态显示

（6）需要确认定义好的位置时，选择 ORG、XX、XY 中想要显示的设定位置。接通伺服电源，按【前进】键使机器人向该位置移动。当机器人当前位置与画面中显示的位置数据不同时，设定位置的 ORG、XX 或 XY 为闪烁状态。

（7）完成 3 个定义点后选择【完成】，用户坐标系建立完成，用户坐标文件登录。文件登录完成后将显示用户坐标画面。

（8）用户坐标数据的清除。在管理模式下，选择下拉菜单中的【数据】→【清除数据】并确认，登录的用户坐标即可被清除。

13.3 用户坐标系的轴操作

在用户坐标系下，轴操作时按照该用户坐标系动作，轴操作动作如表 13-1 所示。

表 13-1 用户坐标系轴操作动作

轴 名 称		轴 操 作 键	动 作
基本轴	X 轴	X- S-　X+ S+	沿 X 轴平行移动
	Y 轴	Y- L-　Y+ L+	沿 Y 轴平行移动
	Z 轴	Z- U-　Z+ U+	沿 Z 轴平行移动
腕部轴		运动时控制点保持不变	

用户坐标系与直角坐标系的轴操作都是沿 X、Y 和 Z 方向平行移动，但两个坐标系的 X、Y 和 Z 方向是不同的，直角坐标系的 Z 轴正方向是垂直水平线向上的，而用户坐标系的 Z 轴正方向是用户根据需要任意设定的。

控制点保持不变的操作在用户坐标系中以用户坐标系的 X、Y 和 Z 轴为基准做回转运动，不改变工具尖端点（控制点）的位置，只改变工具姿势，如图 13-10 所示。

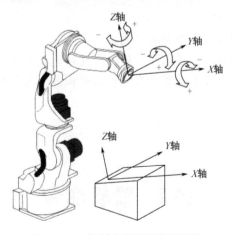

图 13-10 控制点保持不变的操作

任务十四

跳转命令的操作

任务情境

生产流程不断更新，工业机器人需要完成新的搬运任务，如图 14-1 所示，生产线不断把 5 块工件输送到 *A* 点，要求机器人将输送到 *A* 点的工件不断搬运到 *B* 点。

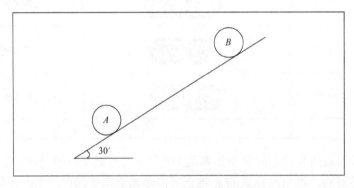

图 14-1　跳转命令的操作任务情境

任务目标

1．了解安川工业机器人跳转命令的功能。
2．能够根据实际示教任务正确应用跳转命令进行示教编程。
3．能够正确应用跳转命令和运算命令进行工业机器人的示教编程，完成搬运任务。

知识准备

14.1　跳转命令

（1）命令路径：【命令一览】→【控制】→【*LABEL】（跳转标号）或【JUMP】（跳转命令）。

（2）命令功能：向指定标号或程序跳转。

（3）命令格式：跳转标号*1，跳转命令 JUMP *1。

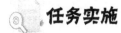任务实施

14.2 跳转命令的应用实例

1. 命令实例一

输入跳转标号*1后，执行到跳转命令 JUMP *1 时，会跳转到跳转标号*1所在行，然后继续执行该行后续的程序。

如图 14-2 所示程序中，机器人将不停地执行 2、3、4 号程序段，形成死循环。

```
0000  NOP
0001  *1
0002  MOVJ VJ=10.00 PL=0
0003  MOVJ VJ=5.00 PL=0
0004  MOVJ VJ=10.00 PL=0
0005  JUMP  *1
0006  END
```

图 14-2　跳转指令形成死循环

为避免出现死循环，可在跳转命令中加入条件判断（IF）附加项，当条件达到时才允许跳转。具体操作步骤如图 14-3 所示：光标移至跳转命令后按【选择】键进入命令详细编辑画面；将光标移动到"条件"后的选择框中，按【选择】键将"未使用"改选为"IF"，并为 IF 添加条件即可。

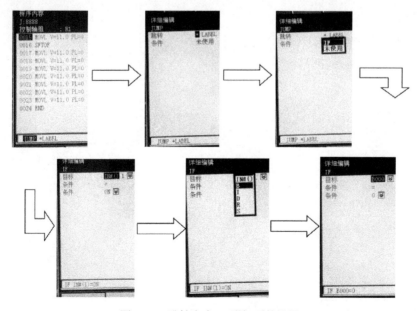

图 14-3　跳转命令 IF 附加项的设置

2. 命令实例二

跳转命令结合运算命令可以实现跳转次数的控制，在搬运任务中有 5 块工件需要搬运，跳转 4 次即可完成搬运，搬运程序如图 14-4 所示。

```
0000  NOP
0001  SET B000 0
0002  *1
0003  MOVJ VJ=10.00 PL=0
0004  DOUT=OT#(1) ON
0005  MOVJ VJ=5.00 PL=0
0006  DOUT=OT#(1) OFF
0007  MOVJ VJ=5.00 PL=0
0008  MOVJ VJ=10.00 PL=0
0009  MOVJ VJ=5.00 PL=0
0010  DOUT=OT#(1) ON
0011  MOVJ VJ=5.00 PL=0
0012  DOUT=OT#(1) OFF
0013  MOVJ VJ=10.00 PL=0
0014  INC B000
0015  JUMP *1 IF B000<5
0016  END
```

图 14-4　跳转命令搬运实例

任务十五 ‖‖

选择流程的示教操作

 任务情境

生产流程不断更新，工业机器人的搬运任务需要增加选择流程的控制，如图 15-1 所示，生产线把工件输送到 A 点，要求机器人把输送到 A 点的工件搬运到 B 点或 C 点进行下一步的输送和加工，当 SB1 闭合时，搬运到 B 点，当 SB1 断开时，搬运到 C 点。

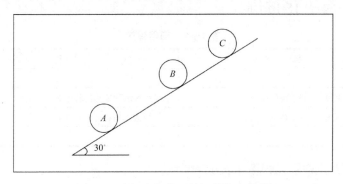

图 15-1 选择流程的示教操作任务情境

 解决问题

1. 了解安川工业机器人选择流程的控制要求。
2. 能够根据实际选择流程控制任务选用示教编程命令。
3. 能够正确应用合适的命令进行工业机器人的示教编程，完成选择流程搬运任务。

 知识准备

 15.1 选择流程

选择流程的控制在机器人的实际应用中比较广泛，机器人通过判断输入状态完成相应的运动。在示教编程中，实现选择流程有多种命令，通过程序调用命令 CALL 和跳转命令 JUMP 等命令示教编程均可以达到选择流程的控制要求。

选择流程的控制按钮可直接连接到机器人 I/O 单元（JZNC-YIU01-E）的 CN308 插头上，或者通过可编程序控制器等设备间接输入。另外应注意通用输入信号与 CN308 插头的连接要通过【梯形图程序的编辑】菜单中的选项进行配置和修改。

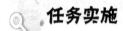 **任务实施**

15.2 选择流程的操作

1. 通过程序调用命令 CALL 实现选择流程控制

通过程序调用命令 CALL 实现选择流程控制需要建立三个程序，分别是调用程序、搬运到 B 点的程序和搬运到 C 点的程序。

（1）调用程序如表 15-1 所示。

表 15-1 调用程序

序　号	程　序	注　释
1	NOP	
2	CALL JOB：B IF IN#（1）=ON	调用搬运到 B 点的程序 B
3	CALL JOB：C IF IN#（1）=OFF	调用搬运到 C 点的程序 C
4	END	

（2）搬运到 B 点的示教程序如表 15-2 所示。

表 15-2 搬运到 B 点的示教程序

序　号	程　序	注　释
1	NOP	
2	MOVJ VJ＝20	回原点
3	MOVJ VJ＝20	到达 A 点工件上方
4	DOUT OT#（1）=ON	打开夹具
5	TIMER T＝1S	打开延时
6	MOVJ VJ＝10	到达夹工件位置
7	DOUT OT#（1）=OFF	夹工件
8	TIMER T＝1S	夹紧延时
9	MOVJ VJ＝20	提升
10	MOVJ VJ＝20	搬运至 B 点上方
11	DOUT OT#（1）=ON	放工件
12	TIMER T＝1S	打开延时
13	MOVJ VJ＝20	提升
14	DOUT OT#（1）=OFF	合上夹具

序　号	程　　序	注　释
15	MOVJ VJ＝20	回原点
16	END	

（3）搬运到 C 点的示教程序如表 15-3 所示。

表 15-3　搬运到 C 点的示教程序

序　号	程　　序	注　释
1	NOP	
2	MOVJ VJ＝20	回原点
3	MOVJ VJ＝20	到达 A 点工件上方
4	DOUT OT#(1)＝ON	打开夹具
5	TIMER T＝1S	打开延时
6	MOVJ VJ＝10	到达夹工件位置
7	DOUT OT#(1)＝OFF	夹工件
8	TIMER T＝1S	夹紧延时
9	MOVJ VJ＝20	提升
10	MOVJ VJ＝20	搬运至 C 点上方
11	DOUT OT#(1)＝ON	放工件
12	TIMER T＝1S	打开延时
13	MOVJ VJ＝20	提升
14	DOUT OT#(1)＝OFF	合上夹具
15	MOVJ VJ＝20	回原点
16	END	

2. 通过跳转命令 JUMP 实现选择流程控制

通过跳转命令 JUMP 实现选择流程控制的示教程序如表 15-4 所示。

表 15-4　通过跳转命令 JUMP 实现选择流程控制的示教程序

序　号	程　　序	注　释
1	NOP	
2	MOVJ VJ＝20	回原点
3	MOVJ VJ＝20	到达 A 点工件上方
4	DOUT OT#(1)＝ON	打开夹具
5	TIMER T＝1S	打开延时
6	MOVJ VJ＝10	到达夹工件位置
7	DOUT OT#(1)＝OFF	夹工件
8	TIMER T＝1S	夹紧延时
9	MOVJ VJ＝20	提升
10	JUMP *1 IF IN#(1)＝OFF	选择判断
11	MOVJ VJ＝20	搬运至 B 点上方
12	DOUT OT#(1)＝ON	放工件

序　号	程　序	注　释
13	TIMER T＝1S	打开延时
14	MOVJ VJ＝20	提升
15	DOUT OT#（1）=OFF	合上夹具
16	JUMP *2	无条件跳转
17	*1	
18	MOVJ VJ＝20	搬运至 C 点上方
19	DOUT OT#（1）=ON	放工件
20	TIMER T＝1S	打开延时
21	MOVJ VJ＝20	提升
22	DOUT OT#（1）=OFF	合上夹具
23	*2	
24	MOVJ VJ＝20	回原点
25	END	

3．程序调用命令和跳转命令的对比

程序调用命令和跳转命令都可以实现选择流程的控制。相比较而言，使用程序调用命令时，因为被调用的程序执行完后会返回继续执行调用命令后续的程序，当机器人将工件搬运到 B 点后，会返回调用程序，此时，如果 SB1 不能够保持闭合，就会调用搬运到 C 点的程序，机器人会空运行搬运到 C 点的动作，造成误动作。而使用跳转命令时，因为只是在跳转时才判断按钮的状态，不会返回重新跳转，所以不存在这样的问题。

任务十六 ||||

平行移动功能的操作

任务情境

因为工业机器人的工作效果很好，工厂新安装一台工业机器人用于产品包装，如图 16-1 所示，生产线将生产好的产品输送到 P2 点，要求机器人把输送到 P2 点的产品搬运到 P5 点进行码垛后等待包装，5 件产品一包装。

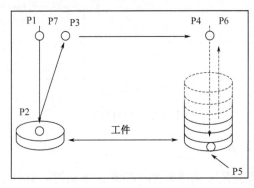

图 16-1 平行移动功能的操作

任务目标

1. 了解安川工业机器人平行移动功能的作用。
2. 能够根据实际控制任务应用平行移动功能简化示教程序。
3. 能够正确应用平移命令进行工业机器人的示教编程，完成码垛工作任务。

知识准备

16.1 平行移动功能

1．平行移动功能简介

平行移动功能（简称平移功能）可以对已示教的各程序点进行等距离的移动。如图 16-2 所示，示教好左边的轨迹程序后，可以平移到右边，右边的轨迹无须再进行示教。平移的移动量可用距离 L（三维坐标位置的改变）定义。在示教作业时，通过将示教轨迹（或位置）的平移，可减轻示教作业。

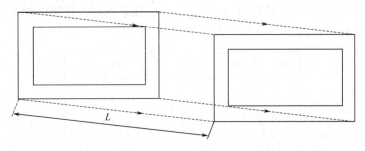

图 16-2　平行移动功能

2．平行移动的移动距离

平行移动的移动距离就是各坐标系 X，Y，Z 的增加值。坐标系有 4 种，分别是基座坐标系、机器人坐标系、工具坐标系和用户坐标系。移动量在位置型变量中设定，可手动输入或利用机器人的当前值（坐标）设定，如图 16-3 所示。

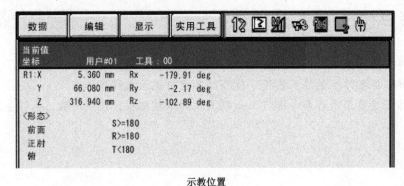

示教位置

图 16-3　平移时位置型变量增量值的设定

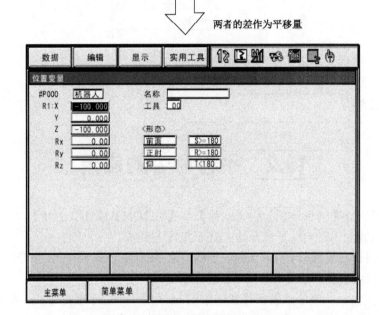

平移后的位置
（用示教编程器使机器人运动到位）

两者的差作为平移量

图 16-3　平移时位置型变量增量值的设定（续）

由图 16-3 所示可见，移动量是移动位置与示教位置 X、Y 和 Z 坐标值的差值，角度变位 R_x、R_y 和 R_z 的差值（通常为 0），码垛等在相同间距间平行移动时，求出示教位置与最终移动位置的差，除以间距数，得出一个间距的移动量，如图 16-4 所示。

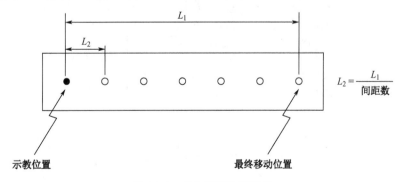

$$L_2 = \frac{L_1}{间距数}$$

示教位置　　　　　　　　　　　　最终移动位置

图 16-4　多个间距的平移量

腕部姿势用腕部轴坐标的角度变位来定义。如果只用 X、Y 和 Z 指定移动量（R_x、R_y

和 R_z 均为 0），则以示教点相同的姿势平移。

进行平移时通常无须改变姿势，所以腕部的角度变位没有必要指定（R_x、R_y 和 R_z 均为 0），如图 16-5 所示。

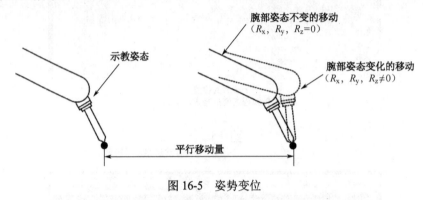

图 16-5 姿势变位

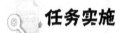

任务实施

16.2 平移命令的应用

（1）命令路径：【指令一览】→【平移】→【SETON】或【SETOF】。

（2）命令功能：SETON 平移开始；SETOF 平移结束。

（3）命令格式：平移开始 SETON；平移结束 SETOF。从 SFTON 命令到 SFTOF 命令是移动的对象区间。

（4）命令实例一：程序点的平移实例如图 16-6 所示，先示教好 1 点～6 点的实线运动轨迹，通过平移命令将 3、4 和 5 点分别平行移动至虚线位置（P□□□中 $X = -20\text{mm}$），可实现 1 点～6 点的虚线运动轨迹。

行（程序点）	命令	
0000	NOP	
0001（001）	MOVJ VJ=10.00	
0001（002）	MOVL V=13	
0003	SFTON P□□□	
0004（003）	MOVL V=13	
0005（004）	MOVL V=13	被移动区间
0006（005）	MOVL V=13	
0007	SFTOF	
0008（006）	MOVL V=13	

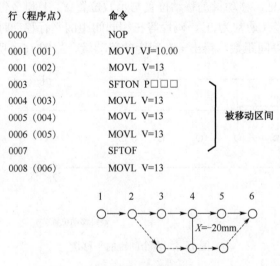

图 16-6 平移实例

（5）命令实例二：整个程序的平行移动如图 16-7 所示，在被调用的程序中所有的程序点都平移。

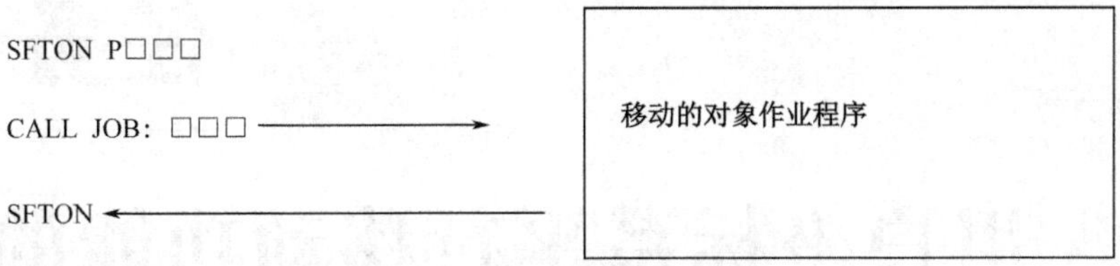

图 16-7　整个程序的平行移动

（6）命令实例三：图 16-1 所示的码垛工作任务可用图 16-8 所示的平行移动程序完成。

0000	NOP	开始默认空操作
0001	SET B000 0	将B000清0
0002	SUB P000 P000	使最初的移动量为0
0003	*A	跳转标号
0004	MOVJ VJ=50	程序点P1
0005	MOVL V=100	程序点P2
0006	DOUT OT（1） ON	抓工件
0007	MOVL V=100	程序点P3
0008	MOVL V=100	程序点P4
0009	SFTON P000	平移开始
0010	MOVL V=100	被移动位置，程序点P5
0011	DOUT OT（1） OFF	放下工件
0012	SFTOF	移动结束
0013	ADD P000 P001	为下个动作进行移动量的累加
0014	MOVL V=100	程序点P6
0015	MOVL V=100	程序点P7
0016	INC B000	跳转次数的累计
0017	JUMP *A IF B000<5	未搬5块工件则跳转
0018	END	结束

图 16-8　平行移动程序实现码垛

任务十七

用户坐标系平行移动功能的操作

　　生产线的位置进行调整，上个任务中的 P5 点，码垛后等待包装的位置需要调整到图 17-1 所示的位置，要求示教机器人完成搬运码垛任务。

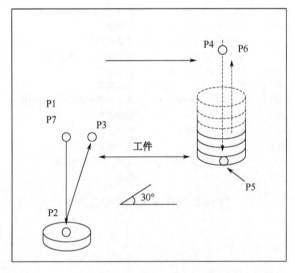

图 17-1　用户坐标系平行移动功能的操作任务情境

 任务目标

　　1. 了解安川工业机器人用户坐标系平行移动功能的作用。

　　2. 能够根据实际控制任务应用平行移动功能结合不同的坐标系简化示教程序。

　　3. 能够正确应用平行移动命令结合不同的坐标系进行工业机器人的示教编程，完成码垛工作任务。

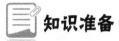

知识准备

17.1 平行移动功能的坐标系

进行平移操作时，有 4 种坐标系可供选择，如图 17-2 所示。选择不同的坐标系，其平移的位置将发生改变，默认的坐标系是机器人坐标系（直角坐标系），可在平移命令的详细编辑画面选择需要的坐标系。在实际应用中，机器人坐标系通常无法满足要求，如工作台或工件相互间有倾斜角度时，采用用户坐标系进行平移操作会更具优势。

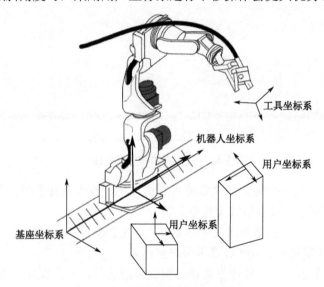

图 17-2 平行移动功能的坐标系

移动量的计算在平行移动功能坐标系的位置数据画面进行。例如，当平行移动在用户坐标系进行时，则使用用户坐标系的位置数据画面进行移动量的计算。

任务实施

17.2 用户坐标系平行移动功能的操作步骤

1. 平移坐标系的插入

（1）在输入缓冲显示行上，将光标移动至平移命令，如图 17-3 所示。

⇒ SFTON P001

图 17-3　输入缓冲显示行

（2）按【选择】键，显示平移命令的详细编辑画面，如图 17-4 所示。

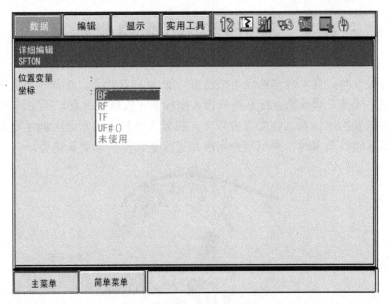

图 17-4　平移命令的详细编辑画面

（3）将光标移动到"坐标"的"未使用"选项上，按【选择】键，显示选择对话框。将光标移动到"UF#()"选项后按【选择】键。

结合实际需要，可以选择不同的坐标系，其中 BF 表示基座坐标系；RF 表示机器人坐标系；TF 表示工具坐标系；UF#() 表示用户坐标系。

（4）按【回车】键后，平移命令的详细编辑画面关闭，显示程序内容画面，设定成功。

2．平行移动功能的取消

平行移动功能可由用户操作取消或发生报警时自动取消，当执行以下操作时，会全部取消平行移动功能。

（1）程序的编辑操作（修改、删除、插入）。

（2）程序的复制、程序名称的修改。

（3）新程序的建立、程序的删除、被选择程序的修改。

（4）报警发生后的重新启动。

（5）切断控制电源。

3．平行移动功能取消后的启动

平行移动功能被取消后，应从程序最开始的部分启动。如未从最开始部分启动，重新启动后，由于无法进行平移，机器人有可能与工件及夹具发生碰撞。

任务十八

远程控制模式的操作

任务情境

在上一个任务中，工业机器人工作在再现模式，通过【START】按钮启动机器人。操作过程需要使用示教编程器，操作不便，现在需要在外部设置一个启动按钮，用于启动机器人完成码垛搬运任务。

任务目标

1. 了解安川工业机器人的远程控制模式。
2. 能够进行工业机器人的远程操作。
3. 能够正确进行工业机器人主程序的登录，在远程控制模式下通过按钮启动机器人完成码垛搬运任务。

知识准备

18.1 工业机器人的三种工作模式

1. 示教模式

进行程序编辑或对已登录的程序进行修改时，要在示教模式下进行。另外，进行各种特性文件和各种参数的设定也要在该模式下进行。

2. 再现模式

再现模式是再现示教程序时使用的模式。

3. 远程控制模式

伺服准备、启动、调用主程序、循环变更等相关操作需要通过外部输入信号的指定，在远程控制模式下进行。

在远程控制模式下，通过外部输入信号的操作有效，而示教编程器上的【START】按钮无效。

三种模式的操作如表 18-1 所示。

表 18-1 三种模式的操作

操　　作	模　　式		
	示 教 模 式	再 现 模 式	远程控制模式
伺服准备	示教编程器	示教编程器	外部输入信号
启动	无效	示教编程器	外部输入信号
调用主程序	示教编程器	示教编程器	外部输入信号
循环变更	示教编程器	示教编程器	外部输入信号

任务实施

18.2 远程控制模式的选择与操作

远程控制模式与再现模式一样不能进行程序的示教与编辑等操作，因此，需要在示教模式下完成示教并经试运行，确认程序无误后才能进行远程控制模式的操作。

1. 选择远程控制模式

将模式切换开关旋至 REMOTE 即选择远程控制模式。

2. 启动信号的设置

（1）外部伺服接通须通过机器人专用输入端子台（MXT）实现。机器人专用输入端子台（MXT）是机器人专用信号输入的端子台，此端子台（MXT）安装在 DX100 控制柜右侧的下面。接线图如图 11-2 所示。

机器人专用输入端子台（MXT）外部伺服接通控制的连接方法如图 18-1 所示。

机器人专用输入端子台（MXT）使用实例——外部急停的连接如图 18-2 所示。

（2）外部启动信号须通过机器人通用输入/输出插头 CN308 实现，CN308 插头输入端子的定义如图 11-2 所示，B1 端子为外部启动端子，在 B1 端子上安装按钮或 PLC 等控制器即可实现机器人的启动控制。

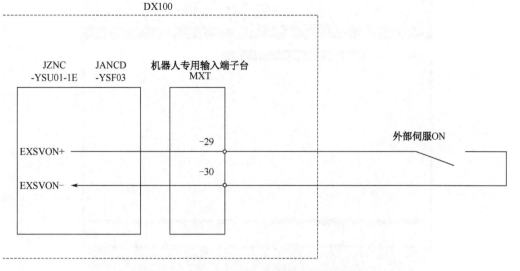

图 18-1　MXT 外部伺服接通控制的连接方法

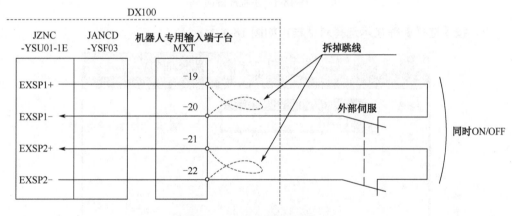

图 18-2　MXT 外部急停的连接

18.3　主程序登录

1．主程序的作用

当某一个确定的程序需要经常再现运行时，若将该程序作为主程序登录，使用起来就比较方便。

作为主程序登录的程序，调用时的操作方法比调用程序简单。作为主程序登录的程序通常只有一个。一旦作为主程序登录后，上一次作为主程序登录的程序被自动解除。

2．主程序的登录

主程序登录在示教模式下进行。

（1）选择主菜单中的【程序内容】→【主程序】，显示主程序画面，如图 18-3 所示。

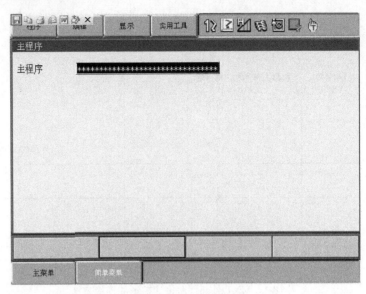

图 18-3　主程序画面

（2）按【选择】键显示选择对话框，如图 18-4 所示。

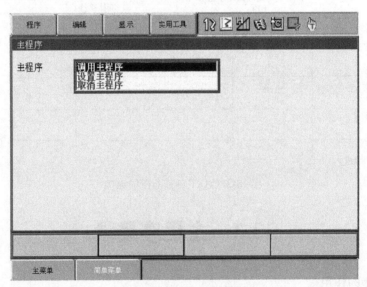

图 18-4　选择对话框

（3）选择"调用主程序"会显示已设置完成的主程序的程序内容画面，当没有设置主程序时，会出现报警信息"未设置主程序"。

选择"设置主程序"显示程序一览画面，如图 18-5 所示。

选择"取消主程序"会取消已设置的主程序。

（4）选择要作为主程序的程序，如图 18-6 所示。选择的程序作为主程序登录。

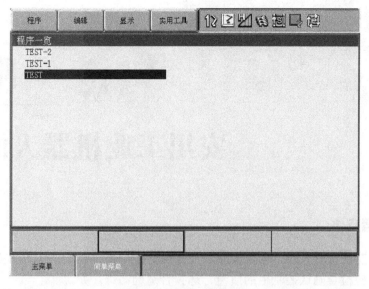

图 18-5　程序一览画面

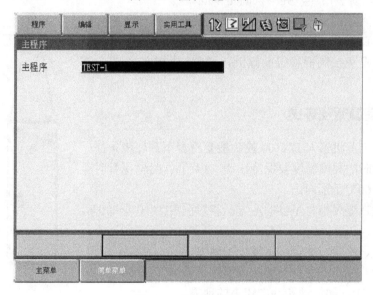

图 18-6　选择主程序

18.4　远程控制模式的操作顺序

　　远程控制模式的操作过程应为先接通外部伺服电源，再调出主程序，确保程序正确，最后进行外部启动。

附录 1

安川工业机器人的安装

一、搬运方法

搬运安川工业机器人时，可用大车或叉车搬运控制柜，建议使用大车搬运 DX100 控制柜。搬运前应检查确认控制柜的质量，选择合适的吊绳。如附图 1-1 所示，安装吊环，并确认固定牢固。

工业机器人是精密设备，在搬运时，应确认有一个安全的作业环境，使 DX100 能被安全地搬运到安装场所，应尽量放低其高度位置，避免控制柜移位或倾倒，避免过度振动、撞击控制柜。

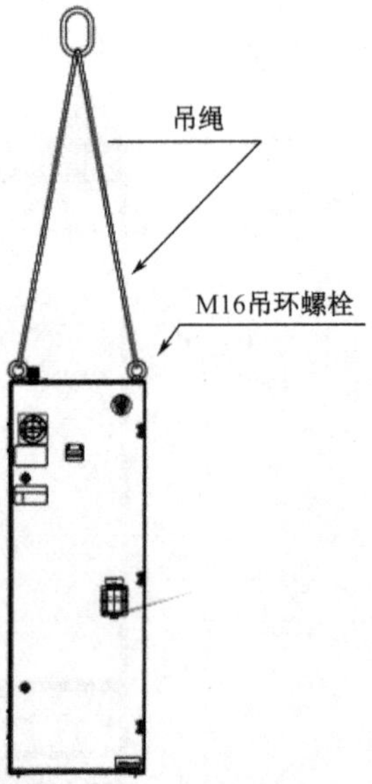

二、安装场所及环境

安装安川工业机器人 DX100 控制柜要符合下列环境条件。

（1）运输时的周围温度要保持在 0～+45℃，运输保管时要保持在-10～+60℃范围内。

（2）安装在湿度小、干燥的地方。相对湿度为 10%～90%，不结露。

（3）灰尘、粉尘、油烟、水较少的地方。

（4）作业范围内不许有易燃品及腐蚀性液体和气体。

（5）对 DX100 的振动和冲击较小的地方。

（6）安装位置附近应无大的电器噪声源。

吊绳

M16吊环螺栓

附图 1-1　吊环的安装

三、安装位置

（1）DX100 控制柜应该安装在机器人的可动范围外或安全栏的外面。

（2）DX100 控制柜应该安装在可以看清机器人动作的位置。

（3）DX100 控制柜应该安装在便于打开门检查的位置，确保有保养空间，如附图 1-2 所示。

（4）安装 DX100 控制柜至少要距离墙壁 1000mm，以便于维护通道畅通。

四、安装方法

（1）控制柜的固定，按附图 1-3 所示尺寸自备安装板，将控制柜固定在地面上。

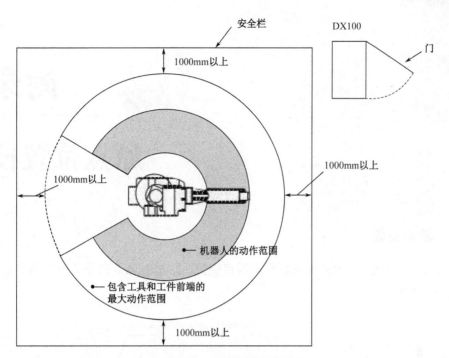

附图 1-2　安装位置示意图

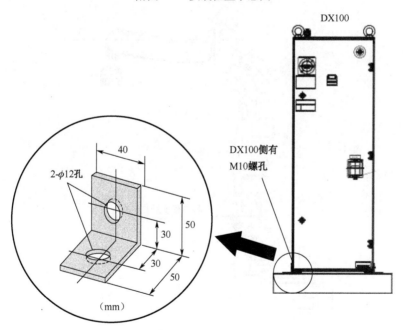

附图 1-3　固定控制柜

（2）安川工业机器人本体的安装方法请参阅说明书。

原点位置校准

一、原点位置

工业机器人各轴 0 脉冲的位置称为原点位置，这时机器人的姿势称之为原点姿势，如附图 2-1 所示。

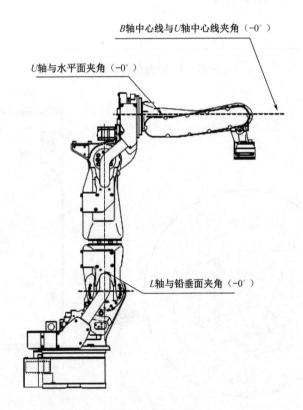

附图 2-1　原点姿势

二、原点位置校准

原点位置校准是将机器人位置与绝对编码器位置进行对照确认，原点位置校准没有完成时，不能进行示教和再现操作。使用多台机器人系统，每台机器人都必须进行原点位置校准。

原点位置校准是在出厂前进行的，如果出现下列情况则需要再次进行原点位置校准。

（1）更换机器人和控制柜（DX100）的组合时。

（2）更换电机或绝对值编码器时。

（3）存储卡内存被删除时（更换 YIF01 基本单元、内置电池耗尽时）。

（4）机器人碰撞工件，原点位置偏移时。

三、原点位置校准方法

1．直接输入

进行原点位置校准时，如果已知原点位置姿态绝对原点数据，可直接输入绝对原点数据。

2．轴操作登录

原点位置姿态绝对原点数据未确定时，可通过以下两种方法用轴操作键使机器人运动到原点位置姿势。

（1）全部轴同时登录，改变机器人和控制柜的组合时，用全部轴同时登录的方法登录原点。

（2）各轴单独登录，更换电机或绝对编码器时，用各轴单独登录的方法登录原点位置。

四、全部轴登录的操作

原点位置校准需要在管理模式下进行，只有设置为管理模式时才显示原点位置校准画面。

（1）通过轴操作键手动使机器人全轴处于原点姿势。

（2）选择主菜单中的【机器人】，显示其子菜单，如附图 2-2 所示。

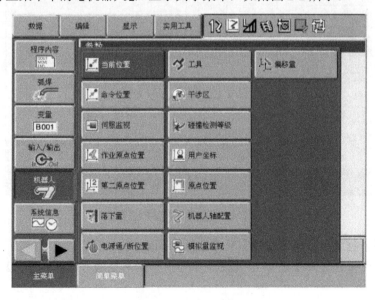

附图 2-2　机器人子菜单

（3）选择【原点位置】，显示原点位置校准画面，如附图 2-3 所示。

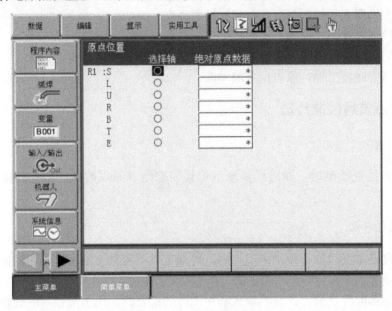

附图 2-3　原点位置校准画面

当有多台机器人时选择下拉菜单中的【显示】，在下拉菜单中选择需要校准的机器人，也可以从【进入指定页】进行选择，如附图 2-4 所示。

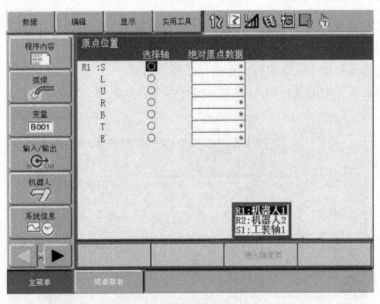

附图 2-4　选择需要校准的机器人

（4）选择下拉菜单中的【编辑】→【选择全部轴】。

（5）确认选择。选择【是】，全部轴的当前值作为原点输入，选择【否】则停止操作。

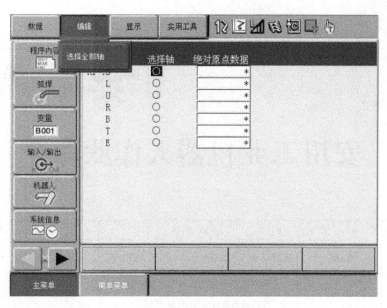

附图 2-5　选择全部轴

五、各轴单独登录的操作

（1）通过轴操作键手动使机器人需要校准的轴处于原点姿势。

（2）在原点位置校准画面选择需要登录的轴，把光标移动到需要登录的轴上，如附图 2-6 所示，所登录的轴为 S 轴。

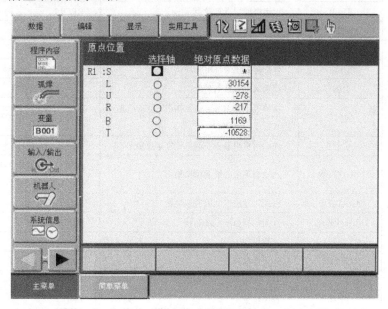

附图 2-6　选择需要登录的轴

（3）确认选择。选择【是】，当前轴的当前值作为原点输入，选择【否】则停止操作。

附录 3

安川工业机器人作业命令一览表

命令种类	命 令	命 令 功 能	示 例
搬运命令	HAND	接通/断开电磁阀的信号，打开/关闭抓手	HAND 1 ON
	HSEN	监视搬运中使用的各种传感器的输入信号，将监视结果输出到$B014变量中	HSEN 1 ON FOREVER
移动命令	MOVJ	以关节插补方式向示教位置移动	MOVJ VJ=50.00
	MOVL	以直线插补方式向示教位置移动	MOVL V=100
	MOVC	以圆弧插补方式向示教位置移动	MOVC V=60
	MOVS	以自由曲线插补方式向示教位置移动	MOVS V=120
	IMOV	以直线插补方式从当前位置按照设定的增量值距离移动	IMOV P000 V=100
	REFP	设定摆动臂点等参照点	REFP 1
	SPEED	设定再现速度	SPEED VJ=50.00
输入/输出命令	DOUT	ON/OFF 外部输出信号	DOUT OT#（1）ON
	PULSE	外部输出信号输出脉冲	PULSE OT#（1）T=1
	DIN	将输入信号读入变量中	DIN B016 IN#（1）
	WAIT	当外部输入信号与指定状态达到一致前，始终处于待机状态	WAIT IN#（1）=B002
	AOUT	向通用模拟输出口输出设定电压值	AOUT AO#（2）12.5
	ARATTON	启动与速度匹配的模拟输出	ARATTON AO#（1）BV=10.00 V=100.0 OFV=2
	ARATTOF	结束与速度匹配的模拟输出	ARATTOF AO#（1）
控制命令	JUMP	向指定标号或程序跳转	JUMP JOB:A
	*（标号）	跳转目的	*A
	CALL	调用指定程序	CALL JOB:B
	RFT	从被调用程序返回调用程序	RFT
	END	程序结束	END
	NOP	不执行任何功能	NOP
	TIMER	在指定时间停止	TIMER T=10.00
	IF 语句	判断各种条件。添加在其他进行处理的命令之后使用	JUMP JOB:A IF B00=1

续表

命令种类	命 令	命 令 功 能	示 例
控制命令	UNTIL 语句	在运动中判断输入条件。添加在其他进行处理的命令之后使用	MOVL V=100 UNTIL B00=1
	PAUSE	暂停	PAUSE IF B000=1
	'（注释）	显示注释	'打开夹具
	CWAIT	等待执行下一行命令。与非移动命令、带 NWAIT 标记的命令配对使用	MOVL V=100 NWAIT DOUT OT#(1) ON CWAIT DOUT OT#(1) OFF MOVL V=100
	ADVINIT	对预读命令进行初始化处理。对变量数据的访问时间进行调整时使用	ADVINIT
	ADVSTOP	停止预读命令。对变量数据的访问时间进行调整时使用	ADVSTOP
平移命令	SFTON	启动平移动作	SFTON P001
	SFTOF	停止平移动作	SFTOF
	MTSHTFT	在指定坐标系，利用数据 2 和数据 3 的计算，得出平移量，存入数据 1	MTSHTFT PX000 RF PX001 PX002
运算命令	ADD	数据 1 与数据 2 相加，结果存入数据 1	ADD I001 I010
	SUB	数据 1 与数据 2 相减，结果存入数据 1	SUB I001 I010
	MUL	数据 1 与数据 2 相乘，结果存入数据 1	MUL I001 I010
	DIV	用数据 2 除以数据 1，结果存入数据 1	DIV I001 I010
	INC	在指定的变量上加 1	INC I001
	DEC	在指定的变量上减 1	DEC I001
	AND	取数据 1 和数据 2 的逻辑与。结果存入数据 1	AND B000 B002
	OR	取数据 1 和数据 2 的逻辑或。结果存入数据 1	OR B000 B002
	NOT	取数据 1 和数据 2 的逻辑非。结果存入数据 1	NOT B000 B002
	XOR	取数据 1 和数据 2 的逻辑异或。结果存入数据 1	XOR B000 B002
	SET	将数据 2 赋值给数据 1	SET B000 B002
	SETE	设定位置型变量的元素数据	SETE P001(3) D005
	GETE	提取位置型变量的元素	GETE D001 P001(4)
	GETS	设定指定变量的系统变量	GETS B000 $B000
	CNVRT	将数据 2 的位置型变量转换为指定坐标系的位置型变量，存入数据 1	CNVRT PX000 PX001 BF
	CLEAR	从数据 1 指定的变量开始，按数据 2 指定的个数，将这些变量的值清除为 0	CLEAR B000 ALL
	SIN	取数据 2 的 SIN（正弦函数），存入数据 1	SIN R000 R001

安川工业机器人作业命令一览表

命令种类	命　令	命令功能	示　例
运算命令	COS	取数据 2 的 COS（余弦函数），存入数据 1	COS R000 R001
	ATAN	取数据 2 的 ATAN（反正切函数），存入数据 1	ATAN R000 R001
	SQRT	取数据 2 的 SQRT（平方根函数），存入数据 1	SQRT R000 R001
	MFRAME	以给出的 3 个点的位置数据作为定义点，创建用户坐标系。数据 1 表示定义点 ORG 的位置数据、数据 2 表示定义点 XX 的位置数据、数据 3 表示定义点 XY 的位置数据	MFRAME UF#（1）PX000 PX001 PX002
	MULMAT	取数据 2 与数据 3 的矩阵积，结果存入数据 1	MULMAT P001 P002 P003
	INVMAT	取数据 2 的逆矩阵，结果存入数据 1	INVMAT P001 P002
	SETFILE	将任意条件文件内的数据变更为数据 1 的数值数据 条件文件内的数据用元素号进行指定	SETFILE WEV#（1）（1）D000
	GETFILE	将任意条件文件内的数据存入数据 1 条件文件内的数据用元素号指定	GETFILE D000 WEV#（1）（1）
	GETPOS	将数据 2（程序点号）的位置数据存入数据 1	GETPOS PX000 STEP#（1）
	VAL	将数据 2 的字符串（ASCII）数值转换为实际数值，存入数据 1	VAL B000 ABC
	ASC	将获取的数据 2 字符串（ASCII）开头字符的代码存入数据 1	ASC B000 ABC
	CHR$	获取数据 2 中有字符码的字符，存入数据 1	CHR$ S000 70
	MID$	从数据 2 的字符串（ASCII）中挑选任意长度（数据 3，4）的字符串（ASCII），存入数据 1	MID$ S000 789XYZ123 4 3
	LEN	获取数据 2 字符串（ASCII）的合计字节数，存入数据 1	LEN B000 ABCDEF
	CAT$	统一数据 1、数据 2、数据 3 的字符串（ASCII），存入数据 1	CAT$ S000 ABC DEF

参 考 文 献

1.《安川工业机器人 DX100 操作要领书》
2.《安川工业机器人 DX100 使用说明书》
3.《安川工业机器人 DX100 维护要领书》